本书系2016年度上海市教育科研市级课题：基于学科教学构造式实践取向的优秀教师课堂关键事件研究（C160060）暨2020年上海师范大学文科校级项目：美国注重工科设计的STEM教育和学生生成性工科设计素养培养研究（KF202011）的阶段性成果

光明社科文库
GUANGMING DAILY PRESS:
A SOCIAL SCIENCE SERIES

·教育与语言书系·

数学教学中的构造式实践

——国际视野下的透视课堂

张伟平 ∣ 著

光明日报出版社

图书在版编目（CIP）数据

数学教学中的构造式实践：国际视野下的透视课堂 /
张伟平著 . -- 北京：光明日报出版社，2021.9
ISBN 978 - 7 - 5194 - 6310 - 6

Ⅰ.①数… Ⅱ.①张… Ⅲ.①数学教学—教学研究
Ⅳ.①O1 - 4

中国版本图书馆 CIP 数据核字（2021）第 178441 号

数学教学中的构造式实践：国际视野下的透视课堂
SHUXUE JIAOXUE ZHONG DE GOUZAOSHI SHIJIAN：GUOJI SHIYE XIA
DE TOUSHI KETANG

著　　者：张伟平

责任编辑：刘兴华　　　　　　　责任校对：刘浩平
封面设计：中联华文　　　　　　责任印制：曹　净

出版发行：光明日报出版社
地　　址：北京市西城区永安路 106 号，100050
电　　话：010 - 63169890（咨询），010 - 63131930（邮购）
传　　真：010 - 63131930
网　　址：http：// book. gmw. cn
E - mail：gmrbcbs@ gmw. cn
法律顾问：北京市兰台律师事务所龚柳方律师

印　　刷：三河市华东印刷有限公司
装　　订：三河市华东印刷有限公司
本书如有破损、缺页、装订错误，请与本社联系调换，电话：010 - 63131930

开　　本：170mm×240mm
字　　数：140 千字　　　　　　印　　张：13.5
版　　次：2022 年 3 月第 1 版　　印　　次：2022 年 3 月第 1 次印刷
书　　号：ISBN 978 - 7 - 5194 - 6310 - 6
定　　价：89.00 元

前　言

　　本著作试图探索三个议题：学科教师构造式实践知识的内涵、要素组织，课堂关键事件的发生、发展过程机制，从工科取向和嵌入式培养计算思维两个新视角作 STEM 学科一体化教学设计。本著作的价值和意义在于：（1）揭示优秀教师构造式实践的组织特色，为教师教研活动提供教育素材；（2）将科学的、切实可行的课堂观察工具开发、运用于教师培训和继续教育中，丰富教师专业技能；（3）通过对工科取向的设计、对嵌入式培养计算思维的两个 STEM 学科进行一体化教学设计这两个视角，挖掘提升教师教学知识发展的新视野。为此，本书拟定的研究内容包括：（1）优秀教师构造式实践的组织、度量；（2）以职前教师专业注意视角探究优秀教师课堂关键事件的行为方式；（3）从工科取向和嵌入式培养计算思维两个新视角作 STEM 学科一体化教学设计——优秀教师教学案例剖析研究。

　　鲜活的教育实践的内在结构是本著作的逻辑起点，首先，本著作阐述了构造性实践的构造、组织和特色，从教师知识内容、教师支持、学习环境三个层面厘清了经验教师的PCK，MCK，CK，对教师教育实践作了"麻雀解剖式"的结构分析，实质从本体论层面展开论述。其次，本著作重视概括"如何做"的教学过程性知识，聚焦课堂关键事件的发生、发展过程机制，分析职前教师课堂专业注意的认知水平：描述、解释、预测，发展职前教师课堂专业注意能力，这些属于认识论层面的阐述。最后，本著作尝试从STEM一体化设计两个视角——工科取向的设计（ECD）、嵌入式培养计算思维设计入手，剖析优秀教师课堂案例。在工科取向的教学设计中，研究者指出了三个实施维度——教育者构建基于概念性知识的ECD挑战性问题、在工科式问题的解决中发展学生的生成性工科设计素养、科学评价ECD活动。在嵌入式培养计算思维的教学设计中，研究者提出数学教学设计中嵌入式培养计算思维的脉络图：情境设置—活动预设—问题设计（算法建模、程序设计）—系统反思（类比、归纳）。通过工作坊活动研究将教师的计算思维认知水平划分为描述水平、关联水平和分析水平，并从这三个层级着手展开研究。总之，本著作旨在从方法论层面揭示AI时代教师教学设计的跨学科整合趋势。

　　研究者制定了如下的研究框架（见图1）：

图1　研究框架 & 知识架构

研究议题一：构造式实践组织——精致化透视

　　构造式实践知识首先不仅要求教师具备内容和教学知识（KCT）、内容和学生知识（KCS），更重要的是具备特殊内容知识（SCK），这是理解教学"是什么"的基本标准；其次获得"如何做"的知识，强调教师实践过程知识的重要性。发展实践知识的途径在于扎根学科思想，精致化设计课堂互动，激活课堂学习共同体。本议题第一部分梳理了以 Ball 为代表的美国教师知识发展精细化研究的思想脉络，界定了构造式实践内涵，探讨了构造式实践视角下教师知识是如何传递、组织和形成的。第二部分总结归纳了美国现代教师资格测试的类别和特点，描述了现代教师知识度量的发展态势，指出其发展动力在于教师知识研究的进展，同时与测试方法的改进和"专业化"管理的争辩密切相关；分析了美国现代教师知识度量的鲜明特点，指出扎根于鲜活的学科教学实践，具体化、精致化的教师知识度量才是合理化风向标。

研究议题二：构造式实践——课堂关键事件研究

议题二为对课堂关键事件的研究，首先，本议题着眼于课堂中的即时决策。以课堂观察专业注意的视角，制定了一个工作坊实践模式，包括认知干预、实践反省、信念导向的内省三个环节，对职前教师开展了 6 个月的干预实践活动。与 6 位职前教师和 1 名经验教师共同探讨了关键事件的选取标准，作了即时决策认知干预后，通过比较 1 名经验教师和 1 名职前教师的同课异构课，厘清即时决策的意蕴，研究职前教师各自不同的教学决策再定位。其次，工作坊活动中采用 SSGs 课堂分析方法，从厘清目标（Goal Clarity）、教师支持（Teacher Support）、学习环境（Learning Climate）三个方面，对 4 名经验教师课堂教学中的教师活动和学生反馈进行了联结研究，探索经验教师课堂关键事件发展机制。

研究议题三：构造式实践——STEM 一体化教学设计两个特色研究

首先，本议题梳理了美国 STEM 教育的一个新视角——工科主导的设计（Engineering – Centered Design，ECD）。研究者一是探讨了 ECD 的丰富内涵，指出其特征和作用，以及学生 ECD 素养培养的路径；二是借助剖析一节典型的美国案例，阐述 ECD 的教育实施方略，并指出三个实施维度：教育者构建基于概念性知识的 ECD 挑战性问题、在工科式问题解决中发展学生生成性工科设计素养、科学评价 ECD 活动。

其次，研究者提出了 STEM 一体化教学设计的另一个新方向——嵌入式培养计算思维。研究者一是拟定了计算思维内涵，总结了影响计算思维的五大方法论知识：数据分析、数值抽象、模型建构和评估、类比、归纳，拟定了数学教学设计中嵌入式培养计算思维的脉络图：情境设置—活动预设—问题设计（算法建模、程序设计）—系统反思（类比、归纳）。二是通过对 35 名教师 4 个月的工作坊活动研究进行数据采集，将教师的计算思维认知水平划分为描述水平、关联水平和分析水平三个层级。研究发现：（1）大多数数学教师的计算思维水平有待提升；（2）"数值抽象"是教师从描述水平发展到关联水平的关键和标志，"模型建构和评估"是教师从关联水平向分析水平跨越的激发点和标志。三是选取 15 名经验教师中达到分析水平的 3 名经验教师，对其教案设计特征作个案研究。研究发现，高水平经验教师的教学设计显著特征为：能基于数据分析，引导学生作数值抽象；能对学生思维活动作情境预设；能创设情境，帮助学生逆向思维，发展批判性思维。四是对教师继续教育和学科教学中嵌入式培养计算思维提出教学建议。

本著作的创新点主要体现在以下四点。

首先，研究成果着眼于数学教学中以高基准实践（High - Leverage Practice）为基础的构造式实践的组织、传递和特色研究，鲜明地开发和论证了两个全新的 STEM 一体化设计方向——工科取向的设计、嵌入式培养计算思维设计，挖掘提升数学教师教学知识发展新视野，丰富了数学教师专业素养意蕴，符合 AI 时代大数据发展对教育改革的推动趋势。

其次，著作成果充分地、实在地与国际有影响力的教授深度合作与交流后，站在国际视野，揭示了优秀教师构造式实践的组织特色，丰富了教师教研活动素材内容。

再次，著作成果集中开发了科学的、切实可行的适合职前教师的课堂观察工具（如 SSGs）、嵌入式培养计算思维测量量表，为教师教育提供了有价值的教育资源。

最后，著作成果倡导嵌入式培养计算思维，聚焦 AI 时代学生"数感"这一独特视角，符合"双减"政策下学生素养培养的趋势。

目　录
CONTENTS

第一部分

01

| 导　论 |

第一章

教师课堂观察注意：构造式实践

教师的基础是自我改变。这个进程是从内部作研究和"注意"的，需要教师审视自己的自我工作经历，是内省的和交互的。

——Mason（1994，2002）[1,2]

一、介绍

Ball 的研究团队[3]指出构造式的实践（Enacted Practice）包括三层含义：（1）指教学需要有针对性地、非自发地、及时地、专业地帮助别人学习，取得收获。也就是说，专业的、系统化的教学设计必不可少，教学专长（Expertise）得到重视。（2）在实践中再组织知识，教学实际是解压知识（Decompression）的过程。教学就是展开知识，让知识"可视化"（Visible）。Ma（1999）[4]认为为了应变特殊情境，需要再组织知识，增强知识的灵活性（Familiarity）、熟练性（Familirity）、敏锐性（Sensitivity）、适切性（Adaptiveness）。（3）在实践中理解学生。要正确对待学生的观点、兴趣、生活，竭尽所能地仔细倾听和观察其他人，抓住关键需要理解和容易误解的地方，使学生在教学实践中再理解学科知识。（4）后继性（Conteneous）是构造性实践的重要原则，它强调教学实践要具有经验积淀作用，要可重复再现且具有指导性。

科学架构的大量工作着眼于特定情境的架构，需考虑两方面内容：（1）科学问题的解决是高度科学情境化的（Abd – El – Khalick，2012[5]；McNeill & Krajcik，2009[6]；Perkins & Salomon，1989[7]）；（2）任何涉及专门科学领域情境的策略都是科学领域本身（Smith，2002)[8]。搭建脚手架的目的不仅仅是获得技能独立，完成目标任务，也是对任务担责（Belland，2015[9]；Wood 等人，1976[10]）。也就是说，搭建脚手架不仅旨在提升能力，而且在于培养学生独立从事复杂任务的意识（Belland，Kim 等人，2013)[11]。

学生在学习过程中应该有机会体验 STEM［Science（科学）、Technology（技术）、Engineering（工程）、Mathematics（数学)］的交迭特性（Kuhn，1996[12]；Lammi & Becker，2013[13]；Nersessian，2008[14]），而不是一直经历线性形态的学习。

笔者制定的研究框架见图 1 – 1。

构造式实践知识力图从知识构建的视角，依托教学内容、教师支持、学生学习的动态依存关系，在已有的课堂知识"是什么"的理论基础上，探究"如何做"这一教学知识；课堂关键事件是指从事件产生、发展、高潮、结局的发展过程的视角，以职前教师观察者的身份及课堂观察注意的视角，借助课堂系统化观察理论框架，着重透视课堂事件的本质，强调促进学生认知弹性发展的重要性。STEM 学科—体化是着眼于学科特色的教学设计，强调培养学生生成性设计素养的重要性。

图 1-1 研究框架 & 知识架构

二、多视野、多角度地透视和理解数学构造式实践

(一)关于教师构造性实践知识发展的议题

Shulman 在 1987 年[15]提出了关于内容知识（Content Knowledge，CK）、教学内容知识（Pedagogical Content Knowledge，PCK）、一般教学知识（Generic Pedagogical Knowledge，GPK）的三要素概括。闭卷测试表明，不仅要了解学生学习的"是什么"，还需要了解学生如何以标准的、有效的、可行的方式学习，即"怎么做"（König 等人，2014）[16]，两方面知识都应该看作知识的主要方面，从而体现职业专长（Professional Expertise）的价值（Anderson，1983）[17]。更进一步，很多研究者看重知识表达的品质，它是具体情境中成功转换知识的前提（Jong & Ferguson - Hessler，1996）[18]，需要分析不同

层次的目标认知过程（如描述、解释、预测），这样的职业视野（Professional Vision）在教师职业评价中是相当有价值的（Stürmer & Seidel，2017）[19]。

（二）关于构造式实践的精细化和评价的议题

Stürmer 和 Seidel（2017）[20] 站在教师透视课堂的视角，提出了观察者研究工具（Observer Research Tool）理论，其原理基于课堂教学—学习（TL）的陈述—观念性知识的三要素：厘清目标（Goal Clarity）、教师支持（Teacher Support）、学习环境（Learning Climate）。他们还分解出了相关联的五个子要素：目标设定（Goal Setting）、导向（Orientation）、学习行为（Learning Activities）、规则（Regulation）、评价（Evaluation），各要素间的构造性关系见图 1-2。

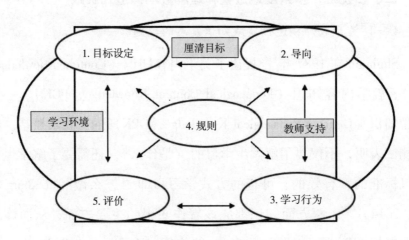

图 1-2 认知—过程导向的教与学模式下的教—学要素[19]

首先，教师在开场白里阐述了教学设计，确定了课堂的目标设计和教学导向；其次，教师在实施教学的过程中，以特有的规则提供教学支撑并提供相应的教学评价，同时学生获得学习环境和学习行为。这样的连贯一致、逻辑缜密的课堂观察工具有利于职前教师将注意力转向课堂最重要的因素：规则—评价、学习环境—行为，而不是仅仅注意课堂的细枝末节。

（三）关于课堂关键事件的分析议题

Stürmer 和 Seidel（2017）[19]提出了观察课堂的认知过程的层级，以描述教师的推理水平。他们将层级分为描述（Description）、解释（Explanation）、预测（Prediction）三部分。描述试图反映必要的技能，用概念性术语区别所关注的教学和学习要素，不必作其他评价。解释作为一项必要的技能，以使用特殊情境的有效教学的观念性知识作推断，希望教师将观察与观念知识相联系。预测是指教师根据学生的学习情况，能预测观察事件的结果。这会用到广博的有关教学、学习以及课堂实践运用的知识。

以厘清目标为例，来说明什么是描述、解释和预测。在厘清目标时，教师的描述需要厘清三个方面的内容：①相应的教学和学习目标；②课程如何展开；③课堂内容和学生之前学过的内容有何关联。解释是要求教师通过阐述教和学的目标，激活学生的已有知识。至于预测，从反面来讲，如果教师没有厘清学习目标，学生就不太可能用目标指引自己的学习，甚至他们的动机和知识都会受到负面的影响。

Stürmer 和 Seidel（2017）[19]提出了具体的认知过程层级的三要素的具体行为表现，见图 1 – 3。

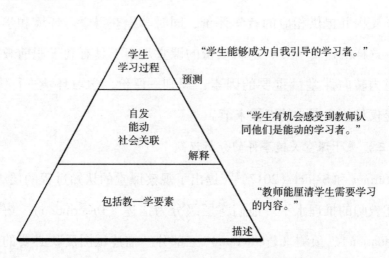

图 1 – 3 观察课堂认知过程的层级项目构建参考框架

已有研究表明，职前教师能描述课堂情境，相反，他们的有关解释和预测结果的技能滞后于在职经验教师（Seidel & Prenzel，2007）[19]。

课堂观察的认知过程层级量表给职前教师提供了精细化观察和评价课堂关键事件的工具，为他们提供了思考课堂的依据和标准。

（四）关于 STEM 一体化的教学设计的议题

一项重要的 EIE（Education in Emergencies，应急教育）课程设计原则试图表示，每个人都是工程师，每个人都可以做设计（Cunningham & Lachapelle，2016）[21]。

Li 等人（2019）[22]将设计思维通常定义为分析的、创造性的过程，使参与者有机会实验、构建和策划模型，获得反馈，然后进行再设计。有实验研究表明，检测中不同的干预能影响学生设计思维的发展（Dasgupta，2019）[23]。

Kelly 和 Cunningham（2019）[24]调查了工科设计怎样提供独特的方法，支持学生的合作性理解、证实推理、评价知识。他们认为包括三个方面：①构建模式和模型；②对工科设计风险的标准和不足进行权衡；③通过应用传统意义的学科课程口头的、书面的和符号的模式作沟通。Wrigley 和 Straker（2015）[25]设计了一个楼梯教育活动，该活动参考了世界各地高校基于设计思维的教学内容、学习方式。同时，他们选取了世界各国的 28 所高校对 51 门设计思维课程进行了搜集并对相关人员进行了访谈，包括商业、管理、发明和原创等领域。他们把设计思维层次分为基础层次、产品层次、工程层次、商业层次和专业层次。Orona 等人（2017）[26]提出了"一揽子"标准测量，理解和运用于以设计为基础的解决问题的情境中。

Li 等人（2019）[22]呼吁引导学生更多地关注设计理念和他们的思维，而不是仅仅关注设计准备和过程。除了设计本身能帮助学生发展设计思维，一体化 STEM 学科教育也有利于学生的设计实践（English，2018[27]；Fan & Yu，2017[28]）。

Kelley 和 Sung（2017）[29]探索了怎样应用工科设计帮助五年级学生学习科学，他们发现参与的学生花在算法思维上的时间比用在数学设计上的时间多34%。越来越多的人研究怎样通过各种教育项目提升学生的算法思维（Barth – Cohen 等人，2018[30]；Bienkowski 等人，2015[31]；Grover & Pea，2013[32]）。算法思维在 AI 时代的意义已经不仅仅在计算层面，更多的是算法设计思维。

从设计思维到算法思维，从工科主导设计到 STEM 多学科设计，都是课堂构造式实践的学科驱动的体现，也是 AI 时代关于数学教育的新课题。大数据时代的发展凸显着学科教育提升学生生成性设计素养的必要性和紧迫性。

三、概览

本书试图探索学科教师构造式实践知识的组织、课堂关键事件的透视、STEM 学科一体化的设计特色等议题。本书的价值在于以下三点：①揭示优秀教师构造式实践的组织特色，为教师教研活动提供教育素材；②运用教师知识发展理论，通过课堂精细化分析，总结科学且切实可行的课堂观察工具，为教师培训和教师专业发展提供参考；③通过对课堂关键事件的透视研究，提升职前教师的课堂认知水平。本书的创新点在于以高基准实践（High – Leverage Practice）为基础的构造式实践（Enacted Practice）的组织、传递和特色研究。

为此，本书拟定的研究内容包括：

（1）优秀教师构造式实践的组织、度量。

（2）以职前教师课堂观察注意的视角探究优秀教师课堂关键事件的行为方式（Disposition）。

（3）基于 STEM 学科一体化的优秀教师教学设计特色。

（一）研究议题一：构造式实践组织——精细化透视

构造式实践知识发展要求教师不仅要具备内容和教学的知识（KCT）、内容和学生的知识（KCS），更要具备特殊内容知识（SCK），这是知道教学"是什么"的基本标准。同时以观察者的视角，强调教师应扎根于学科教学，抓住学科教学的方法特点，将学科思想方法紧密固着于课堂实践，精细化解析课堂行为所昭示的课堂知识，获得"如何做"的知识，只有这样才能获得专业发展。

本议题第一部分梳理了以 Ball 为代表的美国教师知识发展精细化研究的思想脉络，界定了构造式实践的内涵，探讨了构造式实践视角下教师的知识如何传递、组织和形成。第二部分总结归纳了美国现代教师资格测试的类别和特点，描述了现代教师知识度量的发展态势，指出其发展动力在于教师知识研究的进展、测试方法的改进和"专业化"管理的争辩，分析了美国现代教师知识度量的鲜明特点，指出扎根于鲜活的学科教学实践，具体化、精细化的教师知识度量才是合理化的风向标。

（二）研究议题二：构造式实践——课堂关键事件研究

本议题主要是对课堂关键事件的研究，首先，着眼于课堂中的即时决策。从对课堂观察的注意的视角出发，本研究制定了一个工作坊实践模式，包括认知干预、实践反省、信念导向的内省三个方面，开展了为期六个月的干预实践活动。一是选取六名职前教师和一名经验教师组成工作坊，探讨关键事件的选取，作出即时决策认知干预后，比较经验教师和职前教师的"同课异构"课，让职前教师感到"震撼"，从而使他们对即时决策留下深刻印象；二是研究职前教师各自不同的教学决策再定位。

其次，基于课堂教—学的陈述观念性知识及其三要素——厘清目标、教师支持、学习环境，本议题关注 D – B – STEM 教学设计的特征及其对学生认知弹性生成的促进作用。本议题研究六名职前教师以观察者身份对经验教师的课堂教学的注意。研究发现，SSGs 分析方法能直观反映教师教学实施和学生反馈的关系，是行之有效的课堂观察工具；关注 STEM 一体化教学设计，从结构一体化向结构—内容综合一体化发展；课堂注重帮助学生搭建脚手架。

（三）研究议题三：构造式实践——STEM 一体化的教学设计特色研究

STEM 一体化的教学设计特色其实在议题二里也有涉猎，本议题重点梳理了美国 STEM 教育的一个新视角：工科主导的设计（Engineering – Centered Design，ECD）的 STEM 教育。笔者首先探讨 ECD 的丰富内涵，指出其特征和作用，以及学生 ECD 素养培养的路径；其次借助剖析一节典型的美国案例，阐述 ECD 的教育实施方略，并指出三个实施维度：教育者构建基于概念性知识的 ECD 挑战性问题、在工科式问题解决中发展学生的生成性工科设计素养、科学评价 ECD 活动。

四、结论

鲜活的教育实践是本书的关注点，本书阐述了构造性实践的构造、组织及其特色。那么，职前教师到底如何对课堂观察进行注意呢？笔者强调，职前教师不仅要描述经验教师知识的 PCK，MCK，CK，弄清教师知识的构成——教师知识"是什么"，还要洞察课堂，观察课堂关键事件，解释教师基于学生认知弹性的课堂设计，以及基于 STEM 的 ECD，概括"如何做"的知识，最终达到预测课堂走向和教学效果的目的。与此同时，职前教师在观察课堂的过程中，还应注意学生的认知弹性水平和生成性设计素养的发展。

五、本研究局限性和后期研究的方向

一方面，受时间和精力的限制，本研究组建的工作坊样本不够充足，实践不够深入，数据采集的样本不能最大限度地反映教学实践；另一方面，研究手段和分析工具还有待优化。后期研究应首先作推广应用，在更多的教师培训实践样本中作检验和提炼。同时，吸收更多数学教育前沿的研究成果来丰富和拓展本书中研究的子课题，优化本书中的课堂观察工具以及用于课堂关键事件评价的认知层级量表。

参考文献

[1] MASON J. Researching from the inside in mathematics education [M] // SIERPINSKA A, KILPATRICK J. Mathematics education as a research domain：a search for identity. Dordrecht：Springer International Publishing, 1998：357–377.

[2] SCHOENFELD A H, MASON J. Researching your own prac-

tice: the discipline of noticing [J] . Journal of mathematics teacher education, 2003, 6 (1): 77 – 91.

[3] BALL D L, THAMES M H, PHELPS G. Content knowledge for teaching: what makes it special? [J] . Journal of teacher education, 2008, 59 (5): 389 – 407.

[4] MA L. Knowing and teaching elementary mathematics: teachers' understanding of fundamental mathematics in China and the United States [M] . Mahwah: Lawrence Erlbaum Associates, 1999: 37 (4) .

[5] ABD – EL – KHALICK F. Examining the sources for our understandings about science: enduring conflations and critical issues in research on nature of science in science education [J] . International journal of science education, 2012, 34 (3): 353 – 374.

[6] MCNEILL K L, KRAJCIK J. Synergy between teacher practices and curricular scaffolds to support students in using domain – specific and domain – general knowledge in writing arguments to explain phenomena [J] . Journal of the learning sciences, 2009, 18 (3): 416 – 460.

[7] PERKINS D N, SALOMON G. Are cognitive skills context – bound? [J] . Educational researcher, 1989, 18 (1): 16 – 25.

[8] SMITH G. Are there domain – specific thinking skills? [J] . Journal of philosophy of education, 2002, 36 (2): 207 – 227.

[9] BELLAND B R , GU J , ARMBRUST S , et al. Scaffolding argumentation about water quality: a mixed – method study in a rural middle

school [J] . Educational technology research & development, 2015, 63 (3): 325 – 353.

[10] WOOD D, BRUNER J S, et al. The role of tutoring in problem solving [J] . Journal of child psychology & psychiatry, 1976, 17 (2): 89 – 100.

[11] BELLAND B R , KIM C M , HANNAFIN M J . A framework for designing scaffolds that improve motivation and cognition [J] . Educational psychologist, 2013, 48 (4): 243 – 270.

[12] KUHN T S. The structure of scientific revolutions [M] . Chicago: University of Chicago Press, 1996.

[13] LAMMI M, BECKER K. Engineering design thinking [J] . Journal of technology education, 2013, 24 (2): 55 – 77.

[14] NERSESSIAN N J. Creating scientific concepts [M] . Cambridge, MA: MIT Press, 2008.

[15] SHULMAN L . Knowledge and teaching: foundations of the reform [J] . Harvard educational review, 1987, 29 (7): 4 – 14.

[16] KÖNIG J, BLÖMEKE S, KLEIN P, et al. Is teachers' general pedagogical knowledge a premise for noticing and interpreting classroom situations? A video – based assessment approach [J] . Teaching and teacher education, 2014, 38: 76 – 88.

[17] ANDERSON J R. The architecture of cognition [M] . Cambridge, MA: Harvard University Press, 1983.

[18] JONG T , FERGUSON – HESSLER M . Types and qualities of knowledge [J] . Educational psychologist, 1996, 31 (2): 105 – 113.

[19] STÜRMER K, SEIDEL T. A standardized approach for measuring teachers' professional vision: the observer research tool [M] // SCHACK E O, FISHER M H, WILHELM J A. Teacher noticing: bridging and broadening perspectives, contexts, and frameworks. Berlin: Springer International Publishing, 2017: 359 – 380.

[20] SEIDEL T , PRENZEL M . Wie lehrpersonen unterricht wahrnehmen und einschätzen – erfassung pädagogisch – psychologischer kompetenzen bei lehrpersonen mit hilfe von videosequenzen [J] . Zeitschrift für erziehungswissenschaft, 2007, 8: 201 – 218.

[21] CUNNINGHAM C M, LACHAPELLE C P. Design engineering experiences to engage all students [J] . Educational designer, 2016, 3 (9): 1 – 26.

[22] LI Y, SCHOENFELD A H, DISESSA A A, et al. On thinking and STEM education [J] . Journal for STEM education research, 2019, 2 (1): 1 – 13.

[23] DASGUPTA C. Improvable models as scaffolds for promoting productive disciplinary engagement in an engineering design activity [J] . Journal of engineering education, 2019, 108 (3): 394 – 417.

[24] KELLY G J, CUNNINGHAM C M. Epistemic tools in engineering design for K – 12 education [J] . Science education, 2019,

103: 1080 – 1111.

[25] WRIGLEY C, STRAKER K. Design thinking pedagogy: the educational design ladder [J]. Innovations in education and teaching international, 2015, 54 (4): 374 – 385.

[26] ORONA C, CARTER V, KINDALL H. Understanding standard units of measure [J]. Teaching children mathematics, 2017, 23 (8): 500 – 503.

[27] ENGLISH L D. Learning while designing in a fourth – grade integrated STEM problem [J]. International journal of technology and design education, 2019, 29 (1).

[28] FAN S, YU K. How an integrative STEM curriculum can benefit students in engineering design practices [J]. International journal of technology and design education, 2017, 27: 107 – 129.

[29] KELLEY T R, SUNG E. Examining elementary school students' transfer of learning through engineering design using think – aloud protocol analysis [J]. Journal of Technology education, 2017, 28 (2): 83 – 108.

[30] BARTH – COHEN L A, JIANG S, SHEN J, et al. Interpreting and navigating multiple representations for computational thinking in a robotics programing environment [J]. Journal for STEM education research, 2018, 1 (1): 119 – 147.

[31] BIENKOWSKI M, SNOW E, RUTSTEIN D W, et al. As-

sessment design patterns for computational thinking practices in secondary computer science: a first look [R]. Menlo Park, CA: SRI International, 2015.

[32] GROVER S, PEA R. Computational thinking in K – 12: a review of the state of the field [J]. Educational researcher, 2013, 42 (1): 38 – 43.

第二部分 02

国际视野下的过程性教学实践研究

第二章

澳大利亚职前教师的体验式参与：过程与价值

这个世界总是已经蕴含了人们获得知识的可能，隐含着人们对它进行认知和经验的可能，人们的认知、人们对这个世界的经验，一种视域中、是在一种场域性的情境中与世界发生联系的，原来的认知一再唤起人们更新认知的可能性，使得我们与世界的联系始终处于一种动态的、水乳交融的情境中。

——Husserl（1988）[1]

澳大利亚特别重视职前教师的培养，一直以来都致力于教师入职培训，不断探索职前教师多元培养模式。澳大利亚的职前教师实习特别注重创造职业生涯式的实习环境，构建多元化教育实习培训机制。他们遴选优秀实习基地，组建由师范院校、优秀中学和大学指导教师、中学帮带教师共同组成的实习软环境。主要包括互动式课程设置、层层递进式教育实习、反思日记等举措，以"体验式参与"为鲜明特征和主导思想，并涌现出典型的实习案例。同时，还别出心裁地实施为期一年的"引入职业计划"作为后实习阶段。在从理论到实践都作了一定程度的探索基础上，提出了职前教师"体验式参与"的口号。

一、澳大利亚职前教师教育发展新进展

澳大利亚一直比较重视职前教师的发展,采取多种形式开展实习见习工作。比如,早在 20 世纪 70 年代,澳大利亚悉尼教育学院就注意到微格教学对师范教育的促进作用,由国家投资进行微格教学课程的开发项目,编写出版了一套《悉尼微格教学技能》教材(共五册)[2],在国内外引起强烈反响,并得到广泛推广。但是,随着教师教育研究的发展,澳大利亚也注意到,仅仅采取技术手段加强实习是远远不够的。1999 年,美国的 Stein 等人通过文献回顾指出教师专业发展模式的新趋向,并列出代表新趋向的五个特征。其中有两个特征指向教师专业发展与教师实际课堂教学的直接关联,即一个是教师需要参与课堂,从鲜活的课堂中获得教师专业发展;另有一个是关注教师专业成长的组织环境,即如何为教师提供良好的职业生涯式的实习环境,并让教师在这个过程中获得发展。教师专业研究已把研究从"为什么""应该是什么"推进到了"做什么""怎么做"的阶段,即采取什么思路使职前教师获得发展[3]。

2002 年,澳大利亚教育、科学与技术部发布《一种值得关注的道德——对初任教师的有效计划》(以下简称《计划》)(*An Ethnic of Care*:*Effective Programme for Belzinninz Teachers*)[1],强调在教师职前教育阶段加强大学和中小学之间的联系。为了凸显大学教育实习的地位,《计划》提出用"专业体验"替代"教育实习","专业体

验"纳入整个教师职前教育计划中，并且在中小学特定的教育情境中进行"专业体验"，让实习生体验到"真实的震撼"。让职前教师体验式参与，目标由过去注重实习硬件建设已经悄悄转向加强实习软环境建设。

2010 年 9 月，澳洲教学与学校领导协会正式发布"职前教师教育课程国家认证系统"[4]，这是澳大利亚从国家层面保障职前教师教育课程质量的首次尝试，是澳大利亚教师教育标准化的新发展。这一框架指出教师职业标准主要由两个方面组成：①职业维度。职业维度指教师作为一种职业需要不断发展的品质，表现在学历、能力、成就和领导能力四个方面。②专业因素。专业因素指教师参与、进行任何教育活动都要具有的品质，包括专业知识、专业实践、专业价值观、专业关系等方面。（见图 2 – 1）

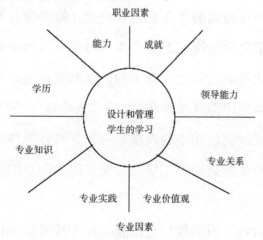

图 2 – 1 教师职业标准国家框架

职业维度和专业维度的划分，充分体现了教师专业的实践发展性，其实质是将职前教师的实习发展提到前所未有的高度，并加以制度化和体系化。这说明，教师的专业性将越来越多地表现在文化的和非正式的方面，而不是表现在结构的和正式的方面；越来越多地反映在教师个性化的活动中，而不是体现在国家层面的制度和标准上。课程认证系统无疑为职前教师指明了发展方向，体验式参与成了澳大利亚职前教师实习的主导思想。

二、澳大利亚职前教师体验式参与的解读

首先，体验式参与符合心理学的内隐（Implicit）学习理论[5]。按照心理学的内隐学习理论，教师学科知识是一种缄默知识，必须依靠内隐学习才能获得。内隐学习本质上是对规则知识的无意识加工。个体对于内在规则的存在是无意识的，他并没有意识到刺激中的潜在规则；但之后的操作表明个体学习到了这种潜在结构，个体学习内在规则知识的过程是无意识的，他没有运用外显学习策略进行学习，且难以运用言语表述内隐知识。杨治良（1997，1998）[4]等人的研究证实了社会认知中的内隐加工，并且社会性特征的内隐加工比非社会性特征的内隐加工更强。这里的内隐指的是无意识和无目的性。

教师学科内容知识隶属社会技能。社会技能是个体在一定的社会情境中有效地与他人交往的技能，是一种为社会接受的新行为。社会技能包括交往的技能、倾听的技能、非言语交往的技能、表达

自己情感的技能、自我控制的技能和识别团体特征的技能等。内隐学习的抽象性在诸如社会技能学习这类规则复杂、特征又不常显著的技能知识中起到重要作用。郭秀艳（2003）[6]指出，获得社会技能的有效途径是加强情境练习，以及淡化外显表达，着重缄默知识的培养。澳大利亚提出职前教师体验式参与的口号无疑是符合内隐学习规律的，是内隐学习的必由之路。

其次，现象学理论解释了体验式参与的合理性。Husserl[3]在《欧洲科学危机和超验现象学》中指出，人们太习惯于用科学的理性思维、科学的模式来解释自然，却忘记了在这个科学的、理性的自然背后，它的作为基底的人们日常生活于其中的自然。他试图从判断的明证性回溯到对象的明证性上。通过对经验视域的探讨，Husserl向人们说明了这样的一个世界：无论知识多么原初，也总是会以更加原初的知识作为前提，人们从来就不是突兀地、毫无瓜葛地与这个世界打交道。这个世界总是已经蕴含了人们获得知识的可能，隐含着人们对它进行认知和经验的可能，人们的认知、人们对这个世界的经验、一种视域中，是在一种场域性的情境中与世界发生联系的，原来的认知一再唤起人们更新认知的可能性，使得人们与世界的联系始终处于一种动态的、水乳交融的情境中。

最后，受医生、律师两种职业专业化道路的启示，教师教育中注重实习的想法得到了强化。"医生和律师是美国社会中享有极高职业声望的两种专门性职业，二者的共同点在于：除了较高的专业入门标准，它们都将长期而又严格的见习和实习经验作为入职的前奏。"因此，向医学与法律界学习，加强教育实习被视为澳大利亚教师专业化的必由之路，成为教师专业发展的一个重要举措。作为职前教师，对火热的中学课堂不能只是隔岸观火，而应积极参与；不仅参与全真的教育课堂，还应有自己独特的个性化的思考，即体验。体验是职前教师将书本知识与实践有机结合的唯一途径，故称作体验式参与。

三、澳大利亚职前教师体验式参与培训的主要手段

1. 互动式课程设置的体验式参与

理解和改进教学必须从反思自己的经验开始，而完全从别人的经验中获得的智慧则是贫乏的，有时甚至是虚幻的。

澳大利亚对全国高等院校学生的调查中，常常用"课程体验问卷"（Course Experience Questionare）作为一个通用的工具来调查全体大学生的教学参与。"课程体验问卷"是澳大利亚高等教育的一大特征，它是面向所有学生的调查，但主要集中于毕业生对他们学习过的所有课程的参与，以期成为检查学生学习结果的一种替代性手段。该调查从1992年开始由澳大利亚毕业生就业委员会在本国正式投入使用。主要调研项目包括优良的教学（Good Teaching Scale）、基本技能（Generic Skills Scale）、清晰的目标和标准（Clear Goals and Standards）、恰当的评价（Appropriate Assessment Scale）、适宜的作业量（Appropriate Workload）、学习的支持（Student Support Scale）、学习化社区（Learning Community Scale）、工作的准备

（Graduate Qualities Scale）、智力的激励（Intellectual Motivation Scale）。澳大利亚就业委员会将对调查问卷结果作详尽分析，根据分析结果对学生的课程学习做有计划的调整，优化学生的课程学习。这种互动式的课程设置参与体现了以学生为本的思想，注重和关心学生的课程学习感受，让学生间接参与课程设置，使学生的课程学习更加具有针对性和实践性。对师范生提供的专业课程主要由五部分构成：课程与教学、社会与心理基础、语言与文字、教学策略、实习与学生教学。其中，初等教师教育方案课程中教育实习占到了1/3，中等教育课程中实习所占比重更多。可以说，实习环节贯穿教育学院的整个学习过程。学生这时候运用意向性分析方法，通过感知、回忆、经验、活动等体验方式，采用调查、观察、猜测的方法得出判断，对课程的评价作出自己的价值取向。

澳大利亚师范生课程设置采用互动式的形式，有利于让学生参与课程设置，有机会倾听学生的声音，而不至于官方"一言堂"。从而有利于缩小期望课程与实施课程的距离，实现获得课程的最优化。学生根据自己的体验参与课程设置，可以更好地满足学生对教师职业发展的需求。

2. 层层递进的渗透式实习模式下的体验式参与

首先，澳大利亚非常注重实习学校的筛选，所选择的实习学校都必须是层层筛选出来的优秀学校。澳大利亚规定，优秀学校有义务为学生提供实习基地，让优秀学校的校园文化影响实习生，为实习生创造良好的实习文化环境。除了硬件上的最优化，软件上也注重配备专门的有经验的大学教师进行行为指导，并全程跟进。

在优秀学校基地保证的条件下，澳大利亚采取层层递进式实习模式，即教育实习贯穿整个大学本科四年，从时间上予以保证；同时，制定层次分明的实习目标，实质是把教育实习目标层层分解，有效实现最终的教育实习目标。最重要的是，分层体验、个性展示，充分体现了澳大利亚对学生实习的层层推进式培训，这种"渗透式"实习使实习无处不在，形成以体验式参与为核心的教育实习特色。

以澳大利亚罗利山大学（Mount Lawley Campus）为例[7]，一年级的学生要进行一周的学校体验。其间，他们主要是进行观察并参与班级里同学的日常活动，协助班级的原任老师反映他们的适宜性和对教学专业化的承诺。二年级的学生要参加两种不同的专业实习。第一个是"丰富课程教学实践"（Enriched Curriculum Teaching Practice）。这个体验要求实习老师关注师生关系的发展，制定一个不同于以往的课堂教师角色，逐步适应学校环境，关注专业化发展和所应承担的义务。第二个则是为期两周的专业体验，与第一个专业体验同在一个学校。这种课程要求实习老师进行第一次正式的教学实践。克服最初的关于应用性教学知识的发展和未来走向的关系。三年级的学生一共要进行六周的专业体验。在前两周这个阶段的时间里，他们要进一步巩固和提升自己的知识和技能。在后四周的教学体验里，主要则是采用更严格的标准来评估其作为教师的发展的一些技能。大四进行最后一次的教学体验，在当学年第二学期里，通过实施"助理教师计划"（Assistant Teacher Program），每个学生在这个实践课程完成之后，至少都要能成功地完成这些所有的评估标准中的某一项，以表明他是称职的老师。而为了进一步提高实习老师的专业技能，罗利山大学教育学院考虑从 2005 年开始对一年级的学生实行分段练习，包括要求学生从当学年第三周开始到年末每周花一天的时间到合作学校进行观察与实践体验。（见图 2 - 2）

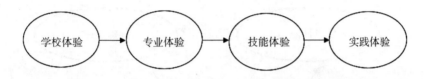

图 2 - 2　层层递进渗透式实习模式

让学生以层层递进的方式实习，保持了实习过程的渐进性和连续性。在理论和实践的往复碰撞中，学生最终获得实习知识的生成，这符合生成性原则。学生在这个阶段的体验主要采用动机分析方法，带有创造性反思的特质，更多的是对被关注的对象与过程、自我与他人、情绪与价值、意志、评估与信念、经验、态度等问题进行深入思考，是对自己赖以存在的教学价值的起因给予解释。

3. 反思日记式的体验式参与

以澳大利亚罗利山大学（Mount Lawley Campus）为例[8]，学生的实习从观课开始到实习上课，学校要求学生每天撰写反思日记，每节课后都用日记方式记下实习体验，包括听课体验和讲课体验，内容是将优缺点、困惑等及时记录在教案旁，并且主动请实习带队教师对每节课展开讨论，解决困惑，肯定优点，改进教学。为了使实习教师能够连续不间断地反思其职责与表现，要求实习生要保有一份专业的反思记录，鼓励实习生进行自我专业成长规划与制作专业教学档案袋。按照内隐学习理论，反思日记的作用是增强有意注意、记忆等外显操作参与，随着熟悉程度的提高，教师的学科教学知识最终会达到自动化程度。（见图2-3）

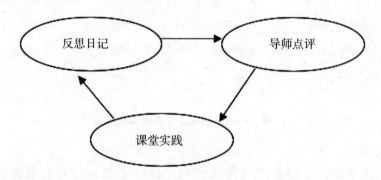

图2-3　反思日记体验式参与循环

4.“引入职业计划”下的后实习阶段的体验式参与

2007年，澳大利亚国会提交的《教师教育报告》中，中小学与大学合作的“引入职业计划”成为关注的焦点。在两年的报告和听证会之后，联邦教育和职业培训常务委员会出台了一系列措施，以解决师范专业毕业生在从事教师职业不到五年就放弃教学的问题。报告的主要议题是，有必要加大中小学与大学师范院校的联系，进行教师培训，特别是对刚从大学毕业的新教师。报告建议实施为期一年的“引入职业计划”，在这一年期间，刚从师范院校毕业的学生不完全承担教学任务和责任，而且和母校保持一定的联系，报告提及的重要问题还包括实践经验在师范学位中的重要作用，以及师范院校为其学生寻找实习岗位的困难和所需的经费。报告还考虑了一些方法用以增加师范学位的实践性，例如，引入"指导老师"为新老师提供指导和培训等。

"引入职业计划"是实习与正式入职的过渡，实质是实习的延续，故称作后实习阶段，是实习与教学的"回炉"，起到实习与正式教学的桥梁作用。这一举措的意义在于学生完全处于职业角色中，但暂时不必承担职业压力，可以更好地做体验实习，获得实习经验，最终成功进入职场。如果说前面的实习只是"准教师"角色，那么"引入职业计划"里，学生是以真正的"教师"角色来体验式参与，完全融合于真正的教师角色中，从而获得全真的实习体验。

四、澳大利亚职前教师体验式参与培养机制对我国教育的启示

1. 为职前教师实习构建最优化实习环境

澳大利亚职前教师体验式参与机制的实质是体现以人为本的教育理念。首先，界定了教师职业评价标准，对教师专业素质从职业和专业两个维度作了评估，意义在于丰富了教师专业的内容，对教师专业性作出明确阐述和具体解释，贯穿了人本思想；澳大利亚以学生的体验式参与为核心设计学生的课程、实习、见习、实践，制定分层目标，逐层践行落实。无论实习的形式怎么翻新，始终不变的是"体验为本"，使学生在内隐学习中获得默会知识。"师徒帮带"式的单一线性实习模式是我国多年沿袭下来的实习方

式，但问题在于，师傅的经验有时并非是"纯金"的，总会有瑕疵，往往带有浓厚的个人经验主义色彩。实习工作的出发点应是创造硬件环境和软环境在内的多元立体空间。从某种意义上说，重视实习应是重视软环境的构建，力图克服我国师范生实习的"打工"式实习模式，避免实习沦为批改作业和做杂事的代名词。让学生实习的每个环节都浸透"实习体验"，为学生建立包括师范大学、实习学校、大学指导老师、中学帮带老师在内的一体化、最优化实习软环境。

2. 尝试逐步实施层层递进的渗透式实习机制

澳大利亚实习的最大特色在于层层递进的渗透式实习机制。与我国集中一个月实习的做法不一样的是，他们的实习贯穿整个四年本科，逐步推进，让学生从学校体验、专业体验、技能体验，最后落脚到实习体验，使学生始终浸润在实践中，从实践中逐步获得体验，然后再寻求理论支撑，最后又到实践中检验。这样的循环往复过程是获取默会知识的必要路径，使实习无处不在。我国大四才实习的"分水岭"式的做法显然已经落后于时代发展。随着对卓越教师培养的重视，越来越多的师范院校从大三开始增设见习，这无疑是良好开端。如何根据我国师范生特点，打破"一刀切"实习机制，实施层层递进的渗透式实习机制，是教育走向卓越的重要课题之一。

3. 尝试构建科学实在的师范生实习课程

澳大利亚的教师教育无论从课程设置、学生见习实习安排、学生反思日记体验等方面都注重实实在在的学生实习体验，给我国的启示是深刻的。建议尝试完善师范生实习课程建设，制定科学、有效的实习课程，比如，评课指导，包括学生独立评课、师生共同评课，以及独立上课、导师指导后改进上课等环节。使学生的听课、讲课科学实在，而不是流于形式。注重实习课程的开发和应用，针对不同的学科特点开发独特的实习课程，最终使实习课程科学化、系统化、体验化，力图克服文本档案流于形式的弊端。

参考文献

［1］胡塞尔．欧洲科学危机和超验现象学［M］．张庆熊，译．上海：上海译文出版社，1988．

［2］叶雪梅．数学微格教学［M］．厦门：厦门大学出版社，2008：3．

［3］冯大鸣．美国、英国、澳大利亚教师专业发展研究新进展［J］．教育研究，2008（5）：93－99．

［4］杨治良，高桦，郭力平．社会认知具有更强的内隐性——兼论内隐和外显的"钢筋水泥"关系［J］．心理学报，1998（1）：1－6．

［5］邓丹．澳大利亚教师教育标准化的新发展——"职前教师教育课程国家认证系统"的构建［J］．比较教育研究，2011，33（8）：45－49．

［6］郭秀艳．内隐学习［M］．上海：华东师范大学出版社，2003．

[7] 吴琳玉，谌启标．从教育实习到专业体验：澳大利亚教师教育改革 [J]．外国中小学教育，2009（6）：30–32，65.

[8] 康晓伟．澳大利亚教师专业标准的背景、内涵及其启示——以新南威尔士州为个案 [J]．外国中小学教育，2011（7）：11–14.

第三章

透视课堂：英国基于课程标准的案例示范

　　基于经验的推理使智能系统比基于规则的系统更加灵活、可靠。由于将从经验中学习纳入体系结构中，智能系统能力随着时间推移变得更加强大。

——Hammond（1989）；Kolodner&Simpson，

（1989）；Schank（1982）[1~3]

　　英国制定教师教育课程标准已有 20 余载历史，历经了三次重大修改和突破，2010 年标准是最后敲定并沿用至 2016 年的教师标准。英国所制定的与标准配套的实施、完善、评价机制值得我国参考和借鉴，尤其是最鲜明、具体的措施——基于教师专业标准的案例示范，它具体规范地用案例形式展现标准的思想，将标准与教师实践紧密结合，体现了"实践取向"的教师专业发展理念。

一、案例示范的依据：英国 2007 年教师专业标准[4]

英国制定教师标准由来已久，现行标准始于 1989 年标准，发展于2002年合格教师标准，定稿并正式开始实施于2007年。2007年9月，英国师资培训局（TTA）与国家组织再造小组（NRT）合并发展成为学校培训与发展局（TDA），发布了《教师专业标准框架》。内容主要包括合格教师标准、职前教师标准、资深教师标准、优秀教师标准和高级技能教师标准等五个等级，每一等级都依据专业品质、专业知识和理解、专业技能划分为若干小类，每一小类所应达到的要求都给出针对性的标准说明［以合格教师（Q）为例]。（见表3-1）

表3-1 英国教师专业标准架构——以合格教师（Q）为例

项目	合格教师（Q）	职前教师（C）	资深教师（P）	优秀教师（E）	高级技能教师（A）
专业品质	师生关系（Q1、Q2）				
	职业道德（Q3）				
	沟通交流（Q4、Q5、Q6）				
	个人职业发展（Q7、Q8、Q9）				
专业知识和理解	教学与学习（Q10）				
	评价与监督（Q11、Q12、Q13）				
	课程与科目（Q14、Q15）				
	读写、计算和通信技术能力（Q16、Q17）				
	成就感与差异性（Q18、Q19、Q20）				
	卫生和健康（Q21）				

续表

项目	合格教师 （Q）	职前教师 （C）	资深教师 （P）	优秀教师 （E）	高级技能教师 （A）
专业技能	教学计划（Q22、Q23、Q24）				
	教学（Q25）				
	评价、监督与反馈（Q26、Q27、Q28）				
	教学总结（Q29）				
	学习环境（Q30、Q31）				
	团队工作与协作（Q32、Q33）				

资料来源：学校培训和发展局.教师专业标准使教师获得教师资格［S］.伦敦：SW 1W 9SZ，2007（Training and Development Agency for Schools. Professional Standards for Teachers Qualified Teacher Status［S］. I. London：SW 1W 9SZ，2007）.[5]

英国教师专业标准的三个维度——专业品质（Quality）、专业知识和理解（Content and Understanding）、专业技能（Technique）反映了丰富的教育理念。专业品质所包含的教师教育观、学生观和教育活动观的要求，确保了教师生涯的可持续性和目标，符合社会建构主义诉求；专业知识和理解是教师教育课程设计的基础，指向教师合理完善的知识结构；专业技能要求目标指向鲜明，要求教师充分理解并形成评价，善于把控学生的学习进展和提高学生的学业成绩。

整个框架层次分明，教师必须满足低等级要求标准后才有可能获得更高等级标准的认证。这种明晰、详细的课程标准确保教师可以按图索骥，非常清楚地了解自己所处的专业等级和下一步奋斗的目标，制定切实可行的教师职业发展规划。每个层次规定分明，目标合理，呈梯度要求，避免教学上的"一刀切"现象；层次之间有过渡，允许教学多元化和多样性，避免教学评价的"一言堂"现象；教师标准框架规定越细致，教师教学评价越走向客观，避免对教师教学的主观武断和教学评价的个人主义色彩。

二、案例示范的教学论意义和框架解析

（一）教学论意义

1. 案例示范的含义

案例示范本质上是指一段完整课堂事件，对课堂事件有多重理解，一种强调对人类生活的关注，特别是课堂资源的提出，使社会生活事件成为学科课堂的资源，从这个意义上讲，课堂事件指向的是课堂资源整体；另一种是指发生在课堂上的与学生生活紧密相关的事件，如偶然事件，强调课程实施中的变化及其存在的情境，这是微观层面上的动态理解。

本文所叙述的案例示范是指英国基于教师的、与教育目标相关联的、以教师专业标准为指导的，是关于课程实施的全过程——结构、开端、发展、结局的视频案例。案例示范实施目标：一是举例说明教学过程，强化和扩展教学策略和技能的演示，凸显或说明具体的原则、技巧、培养教学策略和技能与不同学生和个体是否匹配的判断能力；二是鼓励教师反思教学实践，成为教师分析问题、解决问题、教学决策的媒介；三是把案例当作激发个人反思的刺激物，推动与一线管理者的对话。作为英国教师专业标准鲜明特色和亮点之一的案例示范，最显著的特点是

在抽象标准与具体课堂之间架设了桥梁，反映了教师、学生、教材、环境交互作用下的具体教学实践过程。把握、驾驭课堂关键事件成为考察教师知识、衡量教学水平的重要指标，课堂关键事件的流程对教学质量起着举足轻重的作用。

2. 案例示范的教学论意义

理论和实践两张皮现象一直困扰着教育界，案例示范是二者的媒介，教师对案例示范的处理和认识是落实教师专业标准的关键。案例示范有助于个体教师同时比较、回放、分析多个教学场景，体会教学知识，这是现场观摩教学难以实现的。实践是具体而情境化的，处于瞬息万变中，每一次活动都是由特定教师在一定时间、地点、条件下对一定学生施加影响的过程，教师、教育情境、学生都是变量，故每一次教育实践过程的影响都有"一次性"，不可能重复出现，难以总结普遍适用性的教育规律，更难以照葫芦画瓢地模仿借鉴。教学知识获得的有效路径之一是教师通过对案例示范的比较、分析、总结等手段，通过个体内在深思获得个人体验。

范梅南的现象学理论告诉人们："一个现象本质上就是向人们显现的事物，现象学研究的是描述经验的本质特征。"[6] 英国的案例示范是教学活动原始再现，是观察到的、没有加工润色的一堂自然的课，符合现象学理论诉求。由于案例示范可以是个体教师与视频案例之间的人机自然交流，具有隐秘性和自发性，不受他人言论的导向影响和左右，有利于个体教师对现象学深度反思。现象学必须描述在直接经验中所给予的东西，客观事物只有进入人的意识，呈现给意识，才能成为现象学研究的资料。如果仅仅关注客观经验的陈述，将被现象学家们称为科学主义。案例示范下的反思是现象学反思，离开案例示范的教师专业标准是无源之水、无本之木。

（二）案例示范的框架解析

1. 对案例示范的六维度分解

在英国数学教学中，"分数加法"是一个难点，$\frac{1}{2} + \frac{2}{5} = \frac{3}{7}$，这样的错误比比皆是。大量文章甚至博士研究论题都和分数加法有关，笔者在英国学校培训与发展局展示的官方视频网站上选取了"分数加法课"的案例示范，分别观看了职前教师（Betsy）、资深教师（Nanci）、优秀教师（Schwab）的三节案例示范录像[7]，并采用视频案例六维度分层法对三节课作了分析，具体如下：（见表3-2）

表3-2　案例示范六维度分层的内涵和关键元素

内涵	关键元素
维度一：学科一般知识（把握学科体系、对象、性质和方法）	1. 明白教学内容的本意是什么 2. 明白教学内容的逻辑体系是什么 3. 如何来抽象与表征教学内容 4. 如何来增进活动经验与改善思维方法
维度二：教学理论知识（教学理论、策略、经验与案例的一般知识）	1. 如何激发学生的学习情意 2. 怎样按循序渐进的原则安排教学内容 3. 如何设计与组织有意义的教学活动 4. 如何及时反馈学习效果信息与调整教学

续表

内涵	关键元素
维度三：学情分析（把握学生的基础、理解新知识的困难和学生之间的差别）	1. 学生已经懂得了什么 2. 学生自己能学懂什么 3. 学生容易误解和不理解的是什么 4. 学生学习的差异在哪里 5. 学生学习需要怎样的合理"铺垫"
维度四：过程性知识（检验目标达成度，随时修正教学过程）	1. 学生独立学习情况如何 2. 教师引导过程怎样 3. 学生学习中出现问题教师怎样处理 4. 学生的参与度如何 5. 学习目标达成度如何
维度五：任务设计（基于课程标准设定教学的目标、内容、策略方法、操作练习和教学过程）	1. 如何确定目标及其重点 2. 如何创设学生"心理挣扎"的机会 3. 如何在每个环节提供学科意义和学习的机会并给予指导 4. 如何创设学生自觉练习的机会并进行变式训练 5. 如何设计基于目标达成的检测
维度六：目标实现（设定目标和过程性测评情况与现实教学的对接）	1. 如何实现教学重点的落实和难点的关键性突破 2. 学生"心理挣扎"如何聚焦于内容学习 3. 如何促使每个学生理解学科本质意义 4. 如何调整练习设计的针对性 5. 如何检测目标达成度并进行反馈与调整

本研究采用 Stigler 的课堂录像分析法，以分数加法课为例，从职前教师（Betsy）、资深教师（Nanci）、优秀教师（Schwab）三个层次，对教师六个维度分别所占时间作对比研究，研究结果如下[8]：（见图 3-1）

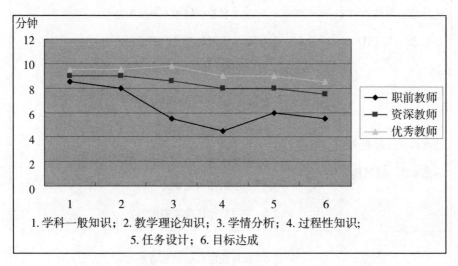

图 3-1　职前教师、资深教师、优秀教师教学六个维度时间分解图

从图 3-1 中可以看出，时间差距较大的维度主要集中于学情分析、过程性知识、任务设计、目标达成上，而在学科一般知识和教学理论知识这两个维度上差别不大，其中，职前教师（Betsy）和资深教师（Nanci）在教学理论知识上所用时间几乎没有差别，而职前教师（Betsy）和优秀教师（Schwab）差异最大的是过程性知识所占时间。说明教师知识水平的差异性集中体现在学情分析、过程性知识、任务设计、目标达成上。通过对案例示范的六个维度分解，像 Betsy 一样的职前教师观看了案例示范后，会明确自己在过程性知识

教学上有待改进，迅速提高教学技艺；像 Nanci 一样的资深教师渴望将教学水平上一个台阶，可能会竭力领悟优秀教师（Schwab）的从学科一般知识、教学理论知识、学情分析、过程性知识、任务设计最后到目标达成的整体设计的观念性框架（Conceptual Framework）[9]，体会设计的流畅性和衔接性，领悟教学风格，使自己的教学得到升华。

2. 案例示范的教学实践指导

（1）课堂观察视角的提示。

英国学校要求教师关注视频案例达到以下标准：①监控期望；②提供清晰的目标和学习指导；③在教学中鼓励学生反馈，将大的教学单元分解成小的任务；④提供常规的反馈。

首先，课堂内容分类[10]。课堂内容可以分为：①课堂环境。包括物体的摆放、所使用材料和设施、学生和教师的统计、教室大小、年级、课程标题。②课堂管理。处理突发事件、召集学生的过程、布置作业、教师的肢体展现（如巡视教室的形式、维持可见度的策略、语调和声音大小）；③课堂任务：更多指学生在课堂中的活动（如热身、工作单、做笔记、陈述、分发试卷），或者是家庭作业、小测验等。④教学内容。包括数学表征（如图形、方程、表、模式）、例子的使用、问题的提出。⑤教学互动。指生生之间，也指师生之间的谈话，包括问题提出、回答、建议和词语的选择等。课堂内容的分类使教师对案例示范的观察更具体、更细微，范围更全面。相比现场听课，视频案例的优势在于教师可以从更细微方面回溯、复演教学内容，从而体验教学知识。[11]

其次，课堂发展的一体化线索的把握。在观察课堂环境、教学内容、师生互动中抓住课堂的整体化脉络，聚焦于教学的主要特征。案例示范往往体现了集个人理念、实践、专业知识于一体的关于学生学习、课程计划、教学支持、灵活多样性、课堂管理和关心与关切学生的知识整体。最终教会教师深入观察，把握教学整体思维导向，学会教学设计，形成自己独特的教学风格。

最后，课堂发展的动力取向。有经验的教师能够观察到不同案例的细小差别，特别是对同一教师的不同时段的"课例学习"案例，教师能发现教学变化驱动力和教学变化实质，所谓"外行看热闹，内行看门道"；教师能通过案例示范把握课堂发展的开端、发展、高潮、结局，从动态的视角看待课堂；教师能抓住课堂发展的教学锚点（Anchor Points），Elen 提出教学设计锚点（Instructional Design Anchors）[12]，指出它是教学设计的基础和中心，是指课堂中起决定作用的生长点。锚点是开端的出发点，发展中的驱动点，高潮的沸点，结局的着眼点，贯穿整个过程中；教师能及时捕捉课堂的偶发性事件，体会课堂教学的灵活性和流畅性。课堂教学不是呆板机械的同一个面孔，教师通过动力取向视角，体会教学的多样性和丰富性，体现教育的多元化。

（2）教学技艺的示范

案例示范是教师专业标准的具体化，首先展示教学中相对稳定的教育规律和实践结构，也是课堂教学中最为关键和核心的部分，即教学技艺（Art），如教学中如何引导学生思考、帮助学生合作、管理学生、追踪学生的参与、引导学生讨论。但是，教学技艺和一般的机械操作技能不一样，并不是物质化的技术手段，不是依靠现成条款和操作步骤就可以实现，学前教育专家约翰·莫里教授指出，教学不是"罐头式"教学，不是"木乃伊"式教学，不是偶然的、随意的、老师被孩子牵着鼻子走的教学。教学过程是多主体、多环节共同构成的有机整体，而不能机械切割成若干步骤与程序。教师需要用"身体化"的方式来理解基于教学标准的基本原理和实施方法，即教学技艺。研究表明，对于刚毕业到入职一年期间，教师教学技艺是增长最快的要素[13]。案例示范可提供平台，感性认识教学技艺，使得职前教师获得简单上手的起点，获得胜任专业工作的基本能力，而这些经验正是他们急需的。

3. 案例示范的综合指南

英国学校培训与发展局展示视频网站不是简单罗列教学案例，还配备与教师实践反思相关的栏目[14]，成为学习案例示范的综合指南。（见图 3 - 2）

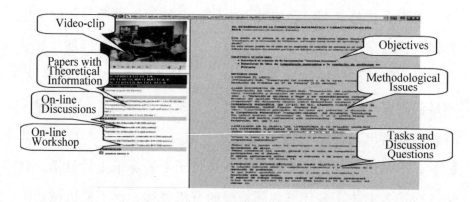

Video – clip（视频点击）   Papers with Theoretical Information（文章的理论信息）

On – line Discussions（在线讨论）   On – line Workshop（在线工作室）

Objectives（目标）   Methodological Issues（方法论话题）

Tasks and Discussion Questions（任务和探讨的问题）

图 3 – 2 视频案例展示图

资料来源：学校培训和发展局．教师专业标准使教师获得教师资格［S］．伦敦：SW 1W 9SZ，2007. [5]

其栏目内容主要包括：

（1）视频点击，可以直接观看案例教学的全过程。

（2）理论信息文献，比如，探究学习理论的界定和论述，小组合作学习理论的界定和论述等。

（3）在线讨论，比如，讨论教师课程标准中关于教学方法命题的小组，小组成员在网上各抒己见，并供在线查阅。

（4）在线工作室，点击进去里面有很多特殊专题的工作室，如课堂管理问题工作室、多元文化下的课堂教育工作室等，每个工作室都可以点击进去浏览。

（5）目标，包括基于教师专业标准的目标界定，目标实现的途径和方法等。

（6）方法论问题，从教学方法的选择到教学方法的实现，论述方法论的缘由、方法论的选择和适用范围等。

（7）任务和探讨的问题，从整体任务角度探讨教学，从问题导向角度对教学作分析和引导。

整个视频展示网站能提供结构性问题综合指南——目标和讨论问题设置，可以给教师提供多途径帮助。比如，教师有机会便利地在线交流，减少面对面交流的压力感和紧张感，而且使交流具有即时性和有效性；教师可以随时点击进入在线专家工作室，寻求自己需要的专家帮助；教师若有理论困惑，可以进入理论文献搜索，寻求实践的理论支撑。总之，帮助教师不是口头一说，而是多路径的合力作用下，使得教师立体、全方位地对案例示范作深刻反思。

4. 案例示范促进教师教学改革的自主性（Autonomy）[15]

标准和现实存在差异，正如教师的信念、价值观和倾向性的教学观与教学实践之间存在矛盾一样[16]。案例示范从某种程度上磨合了理论和实践，成为理论和实践的中间地带。它既可以再现实践——教学回放，也能承载教育理论——用作教学探讨和参照，它基于不同研究者的观察视角，是理论和实践的"推手"和"抓手"的合金[17]。教师在教学讨论中若使用教学案例作为论据，是将案例看作理论依据；若在教学中使用案例作为借鉴是将案例看作实践平台[18]，可以极大地促进教师教学的自主性。教师可以基于案例示范，衔接理论与实践，做自己教学的主人，促进教学的自主发展，避免教学改革"自上而下"的行政干预的强制性，从而使得个体教师的教学发展成为内在需求。

三、案例示范的特点及其启示

越是贴近教学的内在需要越有效，越是扎根教学的鲜活实践越有效，越是基于教师自身实践的反思越有效[19]。案例示范对教师理解《教师教育课程标准》而言无疑具备这样的特征。

（一）特点

1. 目标多元化

英国基于教师专业标准的案例示范的重点并非说明什么样的教学是好的，或者建议何种类型教学比其他教学好，而是展示持续和完整的不同等级水平教学技能的运用。因为教学本质上是一种细致和复杂的活动，一堂在特定时间对特定学生的课换成其他时间可能不一定适合。教师知识来自实践的情境化知识——特定教师，在特定课堂，以特定学生和特定教材形成的知识，是临堂知识——作为案例传承下来的知识，具有随机性和差异性，和学术性知识形成鲜明对比。如果把案例示范看作唯一固定不变的规律性权威脚本，是教学的"科学主义"倾向。标准的目标多元化体现于如下方面：

第一，为教师提供专业标准的感性材料。教师通过观摩、感受一堂完整的教学实践课程，包括课堂的结构、功能、形成条件等，促使教师借助"自下而上"的"实践—反思—再实践",获得教学知识。教师通过案例示范分享的不是教学优劣和等级,而是分享教学智慧。案例示范不是用作教学打分或评优,而是着眼于教师专业发展。

第二,提供教学讨论的参照脚本。据研究,教学反思在很大程度上得益于与专家或同行之间的无拘束讨论,案例示范犹如讨论的参照物,使得教学探讨不至于成为"公说公有理,婆说婆有理"的毫无目标的发散式讨论。教学实践是一种经验学习,作为"经验"学习的本质就是发现,教学讨论有助于深化经验的意识化,促进"私自性言说"的发展。"私自性言说"是基于教师经验来描述自己教学的话语,教师的成长是指体味到"私自性言说"的凝练和解释力的提升。而众多参与者基于同一堂课的"私自性言说"的沟通和交流,有利于提高"私自性言说"的质量,从而有可能把握教学的多层次的意义结构[20]。

第三,作为课堂教学的一种评价标准。案例示范作为评价标准首先应是一种过程性评价,由于案例是课程标准的具体化、生动化、实践化,也是"教学评价一体化"[21];其次是作为一种诊断性评价,可以对照案例细节对教师的教学做个性化诊断;最后作为一种总结性评价,具有形象性、可比性、说服力强等特点。案例示范目的不是让教师模仿、复制,而是提供一个整体场景作为教师评课的标准——犹如"一把没有刻度的尺子",不是用它精确度量教师上课的优劣,而是作为一个度量单位本身而存在。

2. 分层示范性

案例分层示范能贴近教师自己的现实实践，不是观摩高高在上、难以企及的模范案例。例如，英国案例示范中的"信件语言分析案例"，让职前教师、资深教师和优秀教师同时讲授"信件语言分析"课，案例示范附录中从观察、检验和应用三个层次，详细分析了三个教师所运用的教学技艺和策略，以及各自与标准的对应，用实例示范了课程标准的分层化。

案例示范的分层示范体现了案例的动态化、非机械化。任何一门示范课都和特定学生、特定时间、特定教材以及上课教师的教学风格有关系，教学本身是一门艺术。案例示范并不是单一呈现优秀教师的课堂录像，而是想通过不同层次案例示范，展现出教学发展的阶段性、教学风格的多样性。教学案例绝不是唯一的"放之四海而皆准"的教学模式、教学定式。

案例示范是演示"钥匙如何打开学生的心智之门"，职前教师可以从中学到教学技能，资深教师可以从中反思升华，优秀教师可以从中提炼教学精髓。以"分数加法"案例为例，职前教师更多关注教学细节。通过观察分数加法的每一个细节，职前教师能学会把握教学节奏，关注学生反响，反思自己的教学行为。他们虽然有时是无意识地对照和模仿，但实实在在地关注了教学细节，思考了教学策略，可能某些教学场景会给他留下深刻印象。资深教师更倾向于整体评价教学过程。他们也许不太在意教学细节，喜欢跳出细节，思考教学条理（Discipline），总结教学风格（Disposition）[22]，他们可能会有意或无意地抓住课例中的闪光点，可能那正是自己多年经验的总结和升华。优秀教师更多站在高地上俯视案例。他们更加综合思考案例，既关注细节又注重全盘考虑。他们既是编剧又是导演，他们一针见血的评论看似平常，实则是他们教学精华的浓缩。

（二）启示

2011年3月，我国正式出台《教师教育课程标准》，标志着教师教育发展迈向新阶段。课程标准积极倡导"育人为本、实践取向、终身学习"的三大原则。案例示范是诠释标准、沟通实践的良好手段。英国的基于教师专业标准的案例示范给我国教师的启示是：

（1）分层示范符合"终身学习"理念，让不同层次教师都能找到"最近发展区"，缓解统一性与多样性、选择性的矛盾。过去"一刀切"式的优秀教师观摩案例，会让教师的发展缺乏阶段性和渐进性，脱离教师的个体现实，更不能深刻反映课程标准的思想。只有分层示范才能体现教师教育的人本理念，给青年教师提供更广阔的发展空间。

（2）案例示范作为一个讨论的脚本，绝不是一成不变供教师模仿的样本，绝不是为了培养"教学技术员"，而是供教师讨论、争议，理越辩越明，使教师获得反思。开放性的、有亲和力的案例示范有利于形成百家争鸣、教学相长、实践取向的教研氛围。

（3）案例示范是理论和实践的合金，教师既可以从案例示范中找到理论依据，也能从案例示范中寻求实践再现，成为理论与实践的一体化参照物。基于案例，以案例为媒，落实于案例，才是教师知识实践取向的最终诉求。

（4）案例示范的精细化特点使得基于教师专业标准的案例示范落到实处，案例示范的教研引导作用在于使得教研活动走出"经验交流"的束缚，走向"科学化"道路。案例示范不是简单地展示教师上课过程，更不是表演秀，案例示范是促进《教师教育课程标准》实施的重要手段和途径。

参考文献

［1］HAMMOND K J. Case – based planning：Viewing planning as a memory task ［M］. Boston：Academic press，1989.

［2］KOLODNER J L, SIMPSON R L. The mediator：Analysis of ann early case – based problem sover ［J］. Cognitive science，1989，13（4）：507 – 549.

［3］SCHANK R C. Dynamic memory ［M］. Cambrideg：Cambrideg University Press，1982.

［4］Training and development agency for schools. professional standards = guidance on the craft of teaching ［EB/OL］. http：//www. tda. gov. uk/n/media/publications/tda 0492. Pdf，2008 – 01.

［5］Training and development agency for schools. professional standards = guidance on the craft of teaching ［EB/OL］. January 2008. http：//www. tda. gov. uk/n/media/publications/tda 0492. Pdf. 2010 – 07 – 18.

［6］VAN MANEN M. Phenomenological pedagogy and the question

of meaning ［J］. Phenomenology & education discourse, 1997（1）: 41 – 68.

［7］Department for education and skills & teacher training agency qualifying to teach: professional standards for qualified teacher status and requirements for initial teacher training ［ER/OL］. http: //www. tda. gov. uk, 200, 2002 – 09 – 01/2005 – 10 – 26.

［8］顾泠沅, 朱连云. 教师发展指导者工作的预研究报告［J］. 全球教育展望, 2012, 41（8）: 31 – 37, 50.

［9］SHULMAN L S. Knowledge and teaching foundation of the new reform ［J］. Harvard educational review, 1987, 57（1）: 1 – 23.

［10］STAR J R, STRICKLAND S K. Learning to observe: using video to improve preservice mathematics teachers' ability to notice ［J］. Journal of mathematics teacher education, 2008, 11（2）: 107 – 125.

［11］OʻPRY S C, SCHUMACHER G. New teachers' perceptions of a standards – based performance appraisal system ［J］. Educational assessment evaluation and accountability, 2012, 24（4）.

［12］ELEN J. Turning electronic learning environments into useful and influential ʻinstructional design Anchor points' ［J］. Educational technology research & development, 2004, 52（4）: 67 – 73.

［13］WONG A, CHONG S, CHOY D, et al. Investigating changes in pedagogical knowledge and skills from pre – service to the initial year of teaching ［J］. Educational research for policy & practice, 2012,

11（2）：105 – 117.

[14] LLINARES S , VALLS J . Prospective primary mathematics teachers' learning from on – line discussions in a virtual video – based environment［J］. Journal of mathematics teacher education，2009，13（2）：177 – 196.

[15] THOMPSON J，WINDSCHITL M，BRATEN M. Developing a theory of ambitious early – career teacher practice［J］. American educational research journal，2013，50（3）：574 – 615.

[16] GOH P S C. The Malaysian teacher standards：a look at the challenges and implications for teacher educators［J］. Educational research on policy practice，2012，11：73 – 78.

[17] COLES A. Using video for professional development：the role of the discussion facilitator［J］. Journal of mathematics teacher education，2013，16（3）.

[18] ES E , SHERIN M G . The influence of video clubs on teachers' thinking and practice［J］. Journal of mathematics teacher education，2010，13（2）：155 – 176.

[19] 佐藤学. 课程与教师［M］. 钟启泉，译. 北京：教育科学出版社，2003：217 – 238.

[20] KORTHAGEN F A J. 教师教育学［M］. 武田信子，译. 东京：学文社，2010.

[21] BOYD D，GROSSMAN P，HANMERNESS K，et al. Recrui-

ting effective math teachers: evidence from New York City [J]. American Educational Research Journal, 2012, 49 (6): 1008 – 1047.

[22] BALL D L, SLEEP L, BOERST T A, et al. Combing the development of practice and the practice of development in teacher education [J]. The elementary school journal, 2009 (109): 458 – 474.

第四章

"构造式实践"教师知识发展：美国 Ball 数学教学案例分析

作为一种认知模式，基于案例的推理重具体甚于抽象（Kolodner，1993）。大多数传统的认知理论都强调通用的抽象算符是如何形成和运用的，而基于案例的推理将代表着经验的具体案例置于首位。人们用案例进行思考，案例是对应用于新情境的已有经验的解释。

——Kolodner. et. al（2002）[1]

继 Shulman 的教师知识分类，特别是 PCK 概念的提出后，教师知识发展朝向精细化（Elaborated）方向发展[2]。作为 Shulman 的后继研究者，美国以 Ball 为首的一批数学教育工作者把研究重点从"教师知道什么"转向"教师做什么"[3]，致力于基于构造式实践（Enacted Practice）的教师特殊知识发展的研究，发表了一系列文章，形成了独特的教师知识发展思想体系。

Ball 的思想深受 Dewey（1904—1964）[4]的影响，Dewey 描述了教师预备中根本上感到紧张的地方在于学科知识和教学法之间的"适当的关系"，优秀教师能够在学生中识别和创建"天才的知识性行为"。Ball（2009）认为[5]，学会教学依赖于学科知识和教学知识两个方面，二者融合的行为极其贴近学科。基于实践的教学知识理论根源于实践的任务和需求，强调应注重用各种手段将学科性的方法整合到实践发展中以及发展中的实践里。Schoenfeld & Kilpatrick（2008）[6]给出了数学教学的专业框架，谓之将学生看作思考者，教学是内敛的工作，教学不仅要懂得数学知识，还应懂得如何让数学适应不同的学习者。总之，Ball 的研究团队注重精细化地从学生学习视角整合学科知识和教学法知识，揭示专业化实践过程。

Ball 提出，对于教师必不可少的知识到底是什么，仍然存在争议。有人认为是教师解决中学数学问题的能力（加利福尼亚的基本教育技能测试）；有人认为是为学生构建数学课堂问题和任务；还有人认为是运用数学内容来教学的能力（Massachusetts 的教育资格测试），即"用数学教"的能力，而不是"教数学"的能力。Ball 的研究团队显然赞成后者观点。教学不是将数学当作法则来教，是以数学为契机，对学生的思想、兴趣、生活做反馈（Ball，2001）。[7]

教学是复杂性的工作，需要在课堂上判断、观察学生，反馈、维护有效的学习环境，这些工作需要高水准的整合。Ball 的研究团队提出高水准实践（High - Leverage Practice）概念，是对教师实践知识发展的挑战，也是针对美国教师实践效能不高，亟待提高实践效果的背景下提出的。高水准实践首先指向较高教学标准。教学不仅需要丰富的学科知识，还需要使得学科适应各种学习者的能力。其次高水准实践强调多种方法的课堂运用，包括解释、讲解、举例、类比、判断等。最后高水准实践强调，决策是基于特定情境和内容的、基于一揽子灵活多变的高水准的策略[8]。Ball 注重研究专家的教师信念。关于认知信念，Ball 认为有三类：一是关注学习者，数学学习是主动建构的过程；二是关注学习者对知识的理解，数学学习是概念化学习过程；三是关注基于行为的内容学习，强调学科教学融入教学实践的重要性[8]。关注高水准实践，聚焦于优秀教师课堂关键事件是 Ball 的研究团队的主要研究手段。

一、Ball 的"教师知识"研究框架

Ball 的研究团队的整个思想脉络包括三个部分。

（一）基于实践——"构造式实践"的内涵

基于实践的教师知识理论根源于实践的任务和需求，是指"知道怎样做"（Know – How）以及宣讲性知识（Declarative Knowledge）（Ball & Bass，2003）[9]。Ball 进一步指出，在学科教学中是指构造式的实践（Enacted Practice）[10]，包括三层含义：含义一，"构"是指教学需要有针对性地、非自发地、及时性地、专业地帮助别人学习，取得收获；[11] 竭尽所能地仔细倾听和观察其他人，抓住关键需要理解和容易误解的地方，这需要和听众（学生）走得更近。非自发性根源在于将数学看作以知识性的实在的方式（In Honest Way）来进行的学科。它和非正式的、通常的演讲区别见表 4 – 1。

表 4 – 1　一般演讲和非自发教学比较

一般演讲：通用方式	非自发教学：通用方式
对于你不知道答案的事情提问	经常问你知道答案的问题
告诉和显示给其他人，为其他人干	为其他人做解释、判断、反馈
假设你知道别人是什么意思	探索别人的观点
修正和抚平错误	探求不平衡或错误
假设别人的经历和你一样	没有事先分享认同感，努力学习其他人的经历和观点
喜欢或不喜欢其他人	多是刻画性地观察别人
做你自己	处于职业角色中

来源：D. L. Ball and Francesca M. Forzani (2009)[3]

含义二，"造"是在实践中再组织知识。教学实际是解压知识（Decompression）、展开知识，让知识"可视化"（Visible）的过程。因为教师面对的是压缩了的数学内容，Ma（1999）[12]指出，为了应变特殊情境，需要再组织知识，增强知识的灵活性（Flexibility）、熟练性（Familirity）、敏锐性（Sensitivity）、适切性（Adaptiveness）。教师在教学实践中再理解学科知识，形成基于实践的特殊内容知识（Specialized Content Knowledge）。

含义三，后继性（Continuity）是构造性实践中很重要的方面。后继性指的是教学实践中具有经验积淀作用的、能多次再现的、具有指导性的实践知识。应总结实践活动，形成基于实践的、教师的作为学习者视角的教学实践课程。[13]

（二）基于学科教学实践的教师知识精细化分类

1. 教师知识的精细化分类

学科教学实践的一个重要领域就是教师知识的基于学科的精细化分类，分类意义在于强调教学知识和学科体系知识的差异性。Shulman 认为教师知识包括三个方面，一是内容知识，二是学科教学知识，三是教材知识，指的是教材内容在一段时间或更长的时间内是如何展开的。Ball 着力聚焦于数学课堂实践，提出教学用数学知识（Mathematics Knowledge for Teaching，MKT），并参照 Shulman 的教师知识分类标准，将 MKT 做进一步精细化分类（见表4-2）。

表4-2 Ball 的教学用的数学知识的精细化分类（选自 Ball（2008）[10]）

精细化分类前的知识类型	精细化分类后的知识类型
学科方面知识（Subject Matter Knowledge）	通识内容知识（CCK） 延伸内容知识（HCK） 特殊内容知识（SCK）
学科教学知识（Pedagogical Content Knowledge，PCK）	关于内容和学生的知识（KCS） 关于内容和教学的知识（KCT） 关于内容和课程的知识（KCC）

教师知识精细化分类的意义在于强调教学知识和学科体系知识的差异性，若二者的差异能加以甄别，基于实践的教师知识才有实在的基础。同时便于在实践中观察和检测教师行为，厘清教师知识

精细化特征。

2. 学科内容知识的内涵

Ball 等人提出数学内容知识（MCK）的概念的意义在于注重以数学学科为基础研究学科内容知识；而数学教学的知识（MKT），提供了一个作为数学教师的教育工作者开展工作的基础。Hill & Bass（2005），Ball，Thames & Phelps（2008），将 MKT 看作教师教育知识的基础，以发展专门的教学活动和特殊形式的内容知识。[14] Ball 赞同马利平描述的 72 个中国小学教师所具有的"知识包"，这些"知识包"包括精练的组织和一系列与算术相关的观念，实质是数学教师必备的 MKT。[15]

通识内容知识，就是学科基础知识和组织架构知识；拓展知识是数学课题相关的知识。拓展内容知识包括横向和纵向内容知识。横向知识是教给学生在其他课上（其他学科课程）学到的知识；纵向知识是这门学科中先前知识和今后要教的知识，以及体现这些知识的材料（Shulman，1986）[16]

特殊内容知识（SCK）界定的意义在于强调学科知识的结构化的特殊性，这与布鲁纳"任何知识都具有结构性"的观点吻合。

比如，关于分数除以分数，学生出现了这样的解法：

$$\frac{5}{6} \div \frac{1}{3} = \frac{\frac{5}{6}}{\frac{1}{3}} \times 1 = \frac{\frac{5}{6}}{\frac{1}{3}} \times \frac{\frac{3}{1}}{\frac{3}{1}} = \frac{5}{6} \times \frac{3}{1}$$

Ball 认为，教师知识包含两类：计算除法的知识和理解除法过程的必不可少的教学知识[11]。教师解读了学生解法的实质是"乘以1",暗喻数学的恒等变形思想,就是理解除法必不可少的知识,这都属于特殊内容知识的范畴,展现出教师内容知识的精细方面。Ball指出,知识理解包括数学的理解和关联数学的理解,后者指理解概念、观点、过程和数学的运行机理,叫"做数学",它是指论述是否正确、解答是否充分、表达是否准确。

3. 教学内容知识(MKT)的内涵

Ball 等人(Ball, Thames & Phelps, 2008)区分了 MKT 的两个方面:内容和学生的知识(KCS)、内容和教学的知识(KCT),其意义在于抓住教学三角(教师、学生、内容)的两两结合,是对教学实践精细化研究视角的极好诠释。[17](见图 4 – 1)

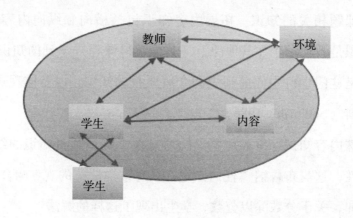

图 4 – 1 教学三角图

KCS 是指整合了解有关学生的知识和有关数学的知识,教师表现为对普通的错误比较熟悉,并且知晓哪些错误是学生容易犯的,包括学生出现典型错误、错误推理、发展脉络、解决问题的策略等；教师应理解学生的做法，选择强有力的方式表征学科知识以利于学生的理解。比如，307 − 168 =？学生会用自己习惯的知识，用不同方法解决这个问题，教师应仔细分析学生不同的个体思维方式，了解学生的语言。教师要能够听从和解释学生初期的、不完善的思维，并用学生习惯使用的语言。[10]

KCT 是指整合了解有关教学和有关数学的知识（Ball，Thames & Phelps，2008），将教和学结合起来，包括如何选择例子和表征，以及怎样指导学生针对确定的数学观点来讨论。在教学中，他们比较关注功能性（Functional）知识，包括课堂驱动（Motive）；课堂解说（Explanation）的知识，包括表达、解释、抽象等过程，教师应该听出讨论中的隐性知识的内容，讨论和解释应清晰、深刻。[10]

（三）基于课堂核心行为（Core Activities）的课堂关键事件——PCK 的传递、组织和特征

Ball 认为，尽管充塞着很多有关 PCK 的研究，但有关 PCK 在教学中的表现方式方法，以及 PCK 在教学中的组织、传递和特征都没有深入研究。核心行为的课堂教学类似于课堂关键事件，基于核心行为的教学知识是如何发展的，是教学中值得关注的话题。

1. "好"的课堂的精细化特征

Ball 的研究团队似乎在努力诠释"好"的课堂的逻辑，是内在的而不是浮于表面的逻辑机理，是将学科性方法融入学生实践发展和发展中的实践，发展高度结构化和专门化的课程设计作为每一个

特殊课程的教学环节。他们认为，高度结构化的课程设计是以学生的思维发展为动力设计，高度专门化是指将学科性方法融入课堂实践中，是以学生思维为导向的、融入学科性方法的教学实践。其中学科性方法是指教师具有学科"知识包"，是 SCK 和 MKT 的体现。同时，"知识包"让学生具备灵活性，能管理复杂的课堂。[18]

"好"的课堂是策略性的（Strategic）、经营式的（Manageable）高水准实践，是精心的教学设计（Ball，1999）[19]。表现为对课堂的解释、判断，行为、细节的处理，学生答案的分析等，Grossman（2007）[20]描述把教学过程分解为更小的部分，如计划、选择、应用表征、师生讨论，使得这些方面可以界定、研究、教学和演练。同时也要维护整体性，避免这些要素无法连接成一体。有人想知道这些分解的知识是否对应于概念性理解。Grossman 和她的同事（2009）[21]指出，分析是关键，将复杂的实践分解成由教学要素组成的统一的整体，使得初学者可视化和具备可行性。或者直接对教师的 SCK 和 MKT 做解读。

2. 教师基于构造式实践（Enacted Practice）的组织方式研究

（1）采取行动再发现数学任务。

Stein（2000）[22]区分了数学任务的三种职能和形式：作为教材的数学任务（Tasks as Curriculum）、作为教学预设的数学任务（Tasks as Setup）、作为教学实施的数学任务（Tasks as Enactment）。划分的意义旨在阐明教学是再发现数学任务，是师生共同实施任务，从而是对原本的数学任务的再创造。Cohen 将教学定义为不断增长的、有意义预设的活动，让学生发展严格的知识技能，掌握学科知识，以研究为基础，着眼于宏大的教育目标。[23]

数学知识需要采取活动再发现数学教学任务，这里的每一个任务和其他的所有任务，都有数学观念知识、数学推理技能、专业术语的流畅性，对数学专业本质的思索（Kilpatrick，Swafford & Findell，2001）。[24]在任务构建中，维持课程中的重点和目标是具有挑战性的。（Suzuka et al.，2006）[25]

第二个假设是教师要理解课程，且是"深度理解"，包含 CCK 和 SCK 知识，谓之"额外的数学知识"。[3]

比如，为学生学习创建背景（Setting）。Lampert（2006）提出背景衔接区的概念，包括"视觉背景"（利用记录实践和其他电子工具来表征和近距离分析实践）、"预设的背景"（为教学实践的明确目标而创设的环境）、"真实背景"（职前教师在完全真实的条件下实践的真实学校和课堂）。[26]

（2）诊断式行为方式

Ball 的研究团队研究了有经验教师的课堂关键事件后，发现教师多采取诊断式（Diagnostic Nature）行为方式，这意味着开启一个重要的课堂转折点：展开话题，达到课程目标。更多展现了教师的 SCK 知识。

首先，利用诊断式来次第消除学生的误解，其中蕴含功能性知识的传递。

其次，教师做诊断式提问。教师提问的特殊性体现在提出自己知道答案的问题、非困惑性问题。教师是利用诊断式帮助学生消除困惑、解答问题、分析回答中的含义等。

最后，利用诊断式帮助学生解释多种方法的合理性，特别是对非标准方法给出合情解释。

3. PCK 的传递——教教师"怎么教"的知识

Ball 的研究团队发现，美国教师教育现状是既没有指导者可以使用的共享的课程，也几乎没有现成的针对教学实践的教学法，或学习实践的总体规划。首先，Ball 的研究团队关注实践课程的研究。他们认为，专业性实践课程特点是：①精细化和细节；②实践的利用；③被不同经历的人们所使用；④再修正。[8] 主要关注三方面：一是基于学科实践和强调学科实践；二是精细化；三是衔接性发展。精细化是指对实践培训细节和过程的关注，培训材料的细致化问题：教学材料应更加精细化，以提高教学者的精细和专门化水平。试图设计课程，做衔接（Continuous）发展，通过衔接来提高课程的系统化、专业化。

其次，教学实践中的精细和细节（Elaboration and Detail）。Ball 等人（2009）[27]认为，成功的先驱会提供详尽的细节说明怎样实施教材和架构学习者的学习机会。实践课程中包括学科课程和教师实践方法，同时也提供细节教使用者学会"教学"[7]。比如，为每一个教学场景量身定做高度结构化和特定化的课程计划，列出详细步骤，为指导者提供两方面的支持：①制定任务所需要的步骤（MKT）；②相关背景信息（SCK）。Ball 赞同 Kilpatrick（2001）[28]提出的精通数学的五要素：程序知识的流畅性、概念性理解、合情的推理、决策能力、富有成效的元认知。

比如，对于教学任务：$1\dfrac{3}{4} \div \dfrac{1}{2} = ?$ [29]

先描述教学行为的发起：要求培训教师计算答案，并给几分钟时间写出相应的解题故事。不是讨论故事，而是要求职前教师展示常常出错的故事，并分析为什么是错的。

表 4-3　错误回答示例

回答错误类别	例子	错误原因
数学上正确，但情境不合适	天热了，Terry 的爸爸买了 2 个一般大的西瓜，回家后爸爸吃了一个西瓜的 1/4，那剩下的西瓜 Terry 如果再乘以 2 会是多少？	没有很好区分情境和数学内容
数学上错误，但情境较合适	天热了，Terry 的爸爸买了 2 个一般大的西瓜，回家后爸爸就吃了一个西瓜的 1/4，那剩下的西瓜 Terry 和妈妈平分的话，一人能吃多少？	没有弄清分数除法和整数除法的区别
数学上错误，情境也不合适	假设一个人把 7 本书分给 4 个同学，然后另一个人也把 7 本书分给 4 个同学，问：他们共得多少本书？	没有厘清除法的意义
未编出文字题	只是叙述除法步骤	缺少教学情境基础知识

数学上正确，情境也合适的：Terry 的爸爸买了 2 个一般大的西瓜，他吃了一个后，接着又吃了另一个的 1/4，Terry 的妈妈吃了一个西瓜的 1/2。问爸爸吃的西瓜是妈妈的多少倍？

二、案例分析

Ball 的研究团队致力于高水准实践，他们选取优秀教师作为研究对象，注重研究专家的教师知识发展，以鲜活的教学过程来解读 PCK 的组织、传递和特征。

（一）案例一：52 − 13 = ？ ——十进制思想的案例教学[12]

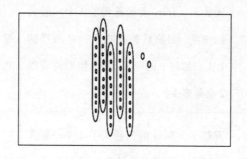

图 4 – 2　解题参考图片

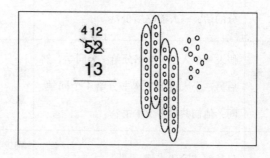

图 4 – 3　解题步骤 1

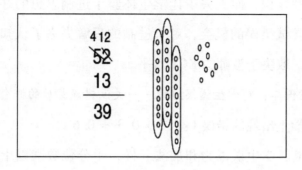

图 4 - 4　解题步骤 2

教师先展示图 4 - 2，启发学生 52 用 5 个豆棒（每个豆棒里有 10 颗豆子）和 2 颗零散豆子表示。教师提出难点问题：2 颗零散豆子减去 3 颗，是不够作减法的，怎么办？经过一番小组讨论后，有的同学提出"借 1 个豆棒成零散豆子"的方法，于是，图 4 - 2 就变成图 4 - 3，52 用 4 个豆棒和 12 颗零散豆子表示。于是，难点问题迎刃而解，52 - 13 就相当于"4 个豆棒减去 1 个"，"12 颗零散豆子减去 3 颗"（结果如图 4 - 4 所示），等于 3 个豆棒加 9 颗零散豆子，答案是 39。

案例一解读：Ball（2001）[7] 指出，应该有更多研究来寻求有效教学，以知识原生的方式（In Honest Way）教学，而这需要教师具备深厚的 SCK——用豆子展现十进制思想，10 颗豆子组成 1 个豆棒，豆棒代表十位数，零散豆子代表个位数。52 经过重组为图 4 - 3 后，减法就自然而然地成为 4 个豆棒减去 1 个，12 颗零散豆子减去 3 颗。我国的小学教学习惯于直接告诉学生错位减法法则，学生只学到法则这一程序性知识，而失去了让学生体验十进制思想的好机缘。学生也失去了尝试错误的机会，对十进制的理解失去了认知基础。如何选择教学，取决于教师的 KCT 水平。

（二）案例二：对学生错误解读——关注错误背后的概念性理解[15]

比如，学生出现的错误 1：$0.2 \times 0.3 = 0.6$

教师诊断：学生误以为和加法一样，十分位数乘以十分位数结果仍是十分位数；还误以为乘法结果一定变大。教师类比了 $3 \times 4 = 12$，$5 \times 2 = 10$，指出个位数和个位数相乘结果可以是十位数，所以，十分位数和十分位数相乘结果是百分位数，消除学生的误解。

错误 2：$\dfrac{4}{4} = \dfrac{4}{8}$；或者 $\dfrac{4}{4} < \dfrac{4}{8}$

教师诊断：前者错误原因是认为分子 4 相等，后者错误理由是认为分母 $4 < 8$，错误根源在于将分子、分母拆开，没有将分数看作一个整体，这恰好是分数的意义所在。

错误 3：矩形图的误区

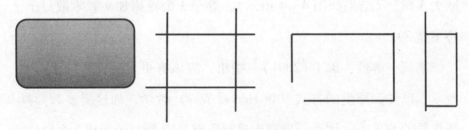

图 4 - 5　矩形图误区

教师诊断：根据矩形的定义，矩形是指四个角都是直角的平行四边形，图 4 – 5 中从左到右图中角的个数依次为 0 个、16 个、3 个、5 个，它们都不是矩形。原因在于学生在自然概念和科学概念之间界限模糊。

案例二解读：数学教学已经从注重技巧到温和地探求数学观念（Ball，2001）。案例二中首先需要教师具备良好的 KCS，了解数学内容和学生，预测学生可能出现的错误；其次需要教师具备 SCK，对错误寻找概念性理解根源，而不是停留在错误表面。解读学生错误有助于学生概念性理解。

（三）案例三：关于小数乘法[30]——$0.75 \times 0.25 = 0.1875$ 的课堂诊断式提问

诊断式提问：（1）0.75 和 0.25 的乘法运算结果怎么会有万分位数？为什么和 $0.75 + 0.25 = 1.00$ 的加法不一样？

（2）什么表征或模式能说明小数乘法的功能，或者小数乘法的意义是什么意思？

（3）用什么样的现实情境来说明 0.75×0.25 是合理的计算？

层层递进的诊断式提问把教学变成设问（Inquiry）和学习的实践方式。因为小数和分数可以相互转换，相当于探究 $\frac{3}{4} \times \frac{1}{4}$ 的意义，下面就直接转向分数乘法的表征模式，所以小数乘法的意义就是"分比萨饼"。所以现实情境可以设置为：把一块比萨饼分成 4 份，Terry 吃了其中的 $\frac{1}{4}$，剩下的再分成 4 份，Terry 的妈妈吃了其中的一份。问妈妈吃了多少？

案例三解读：首先，这个案例选择使用了诊断式提问，精妙地设问生动体现了教师成熟的 KCT；其次，在每一个设问里，展现了教师的 SCK 功底和 KCS 水平。这些知识综合作用，才可以成就一节好课。

（四）案例四：两位数乘法：$35 \times 25 = ?$——致力于用面积解释学生的非标准（Non – Standard）方法[15]

三位学生展示了他们各自的方法。（见图 4 – 6）

Student A	Student B	Student C
35	35	35
× 25	× 25	× 25
125	175	25
+ 75	+ 700	150
875	875	100
		+ 600
		875

图 4 – 6　三位学生的解题方法

教师在课堂上鼓励学生的多种表征和方法，教师肯定了学生的解法，并给出面积解释（见图 4 – 7），使得学生的解法有据可依。这样做的好处是，教师对学生的争论起到关键的协调作用。更重要的是，选择面积这一工具，实质是给乘法一个完美的情境。

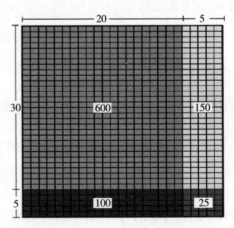

图 4 – 7　面积解题法

案例四解读：Ball（2001）指出，要学生理解算术计算能力后面的隐性知识，程序性理解是极其脆弱的，概念性理解才是长久的。首先，教师鼓励学生讨论，产生多种非标准方法，体现了教师良好的 KCT。尽管这样做可能存在风险，有时不仅不会让数学变得清晰、有深度，而且学生之间难以协调不同方法，各持己见，课堂难以控制。但学生获得了难得的机会思考非标准方法，加深了对乘法的概念性理解，而不是仅仅学到数学程序。其次，教师选择了面积这一工具作为乘法情境，体现了教师深厚的 SCK。

三、结论

以 Ball 为代表的美国数学教育工作者致力于构造式实践的探索，基于学科教学，对教育实践做精细化研究，对我国教育的启发是显而易见的。教育基于实践这在业内已经达成共识，但实践若脱离鲜活的学科教学而空谈教育实践，乃舍本逐末，很难被一线教师所认同。并且，若在职前教师培养中，只关注学科内容知识（CK），而忽视内容和教学的知识（CKT）、内容和学生的知识（CKS）；或者只关注学科普适性知识（CCK），而忽视特殊内容知识（SCK），同样也是难以促进教师专业发展的。只有扎根于学科教学，聚焦于生动的课堂，捕捉课堂发生的教育事件，厘清课堂发展的动力、组织特征，解读课堂设计结构，科学阐释教师行为的知识内涵，才能拾到一两只闪光的贝壳。合情的教师知识发展在于将学科性的方法融入实践发展以及发展中的实践，从精细化层面关注学科教师的 KCS，

KCT 和 SCK，学科教师专业性才能获得成长；同样，只有基于学科教学案例的教师培训才能给教师以体验式的、生动鲜活的、有效的专业化教育，教师知识才能获得长足发展。

参考文献

［1］KOLODNER J L. Analogical and case – based reasoning：their implications for education ［J］. Journal of the learning sciences，2002，11（1）：123 – 126.

［2］SHULMAN L. Knowledge and teaching：foundations of the reform ［J］. Harvard educational review，1987，29（7）：4 – 14.

［3］BALL D L，FORZANI F M. The work of teaching and the challenge for teacher education ［J］. Journal of teacher education，2009，60（5）：497 – 511.

［4］DEWEY J. The relationship of theory to practice in education ［M］// MCMURRY C A. The relation of theory to practice in the education of teachers （Third yearbook of national society for the scientific study of education，part 1）. Bloomington，IL：Public school publishing，1904.

［5］BALL D L，SLEEP L，BOERST T A，et al. Combining the development of practice and the practice of development in teacher education ［J］. Deborah loewenberg ball；laurie sleep；Timothy A. boerst；Hyman bass，2009，109（5）.

［6］SCHOENFELD A H. A Study of teaching ：multiple lenses, multiple views ［M］. Reston, VA：Natinal couuncil of teschers of mathematics, 2008.

［6］KILPATRICK J. The development of mathematics education as an academic field ［M］// MENGHINI M, FURINGHETTI F, GIACARDI L, et al. The first century of the International commission on mathematical instruction (1908—2008) . Reflecting and shaping the world of mathematics education, (pp. 25 – 39) . Rome：Istituto della Enciclopedia Italiana, 2008.

［7］BALL D L. Teaching with respect to mathematics and students ［M］//WOOD T, NELSON B S, WARFIELD J. Beyond classical pedagogy：teaching elementary school mathematics. Studies in mathematical thinking and learning series. Mahwah, New Jersey：Lawrence erlbaum associates, Inc. , 2001.

［8］BALL D L, SLEEP L, BOERST T A, et al. Combining the development of practice and the practice of development in teacher education ［J］. Deborah loewenberg ball; Laurie sleep; Timothy A. boerst; Hyman bass, 2009, 109 (5) .

［9］BALL D L, BASS H. Toward a practice – based theory of mathematical knowledge for teaching ［M］//DAVIS B , SIMMT E. Proceedings of the 2002 annual meeting of the Canadian mathematics education study group. Edmonton, AB：CMESG/GCEDM, 2002：3 – 14.

［10］BALL D L. Content knowledge for teaching, what makes it special? ［J］. Journal of teacher education, 2008, 59 (5).

［11］JACKSON P W. The practice of teaching ［J］. Journal of higher education, 1986, 58 (6): 159.

［12］MA L. Knowing and teaching elementary mathematics: Teachers' understanding of fundamental mathematics in China and the U-nited States ［M］. NJ: Lawrence Erlbaum, 2010.

［13］BALL D L. The mathematical understandings that prospective teachers bring to teacher education ［J］. Elementary school journal, 1990, 90 (4): 449 – 466.

［14］BALL D L, HILL H C, BASS H. Knowing mathematics for teaching ［J］. American educator, 2005, 29 (3): 14 – 46..

［15］BALL D L, WILSON S M. Integrity in teaching: recognizing the fusion of the moral and intellectual ［J］. American educational research journal, 1996, 33 (1): 155 – 192.

［16］THAMES M H, BALL D. L. Making Progress in U. S. Mathematics education: lessons learned—past, present, and future ［J］. Vital directions for mathematics education research, 2014: 15 – 44.

［17］COHEN D K, RAUDENBUSH S, BALL D. Resources, instruction, and research ［J］. Educational evaluation and policy analysis, 2003, 25 (2): 1 – 24.

［18］   BALL D L. Bridging practices: intertwining content and pedagogy in teaching and learning to teach ［J］. Journal of teacher education, 2000, 51 (3): 241 -247.

［19］　BALL D L, COHEN D K. Developing practice, developing practitioners ［J］. Teaching as the learning profession, 1999: 3 -32.

［20］GROSSMAN J. How doctors think ［M］. Boston: Houghton Mifflin, 2007.

［21］GROSSMAN P, COMPTON C, IGRA D, et al. Teaching practice: a crosss - profesional perspective ［J］. Teachers college record, 2009, 111 (9).

［22］STEIN M K, SMITH M S, HENNINGSEN M A, et al. Implementing standards - based mathematics instruction: A casebook for professional development ［M］. New York: Teachers college press, 2000.

［23］COHEN D K. Teaching practice: Plus a change ［M］// JACKSON P W. Contributing to educational change: Perspectives on research and practice. Berkeley: McCutchen, 1989: 27 -84.

［24］KILPATRICK J, SWAFFORD J, FINDELL B. Adding it up: Helping children learn mathematics ［M］. Washington, DC: National academy press, 2001.

［25］SUZUKA K, SLEEP L, BALL D L, et al. Designing and using tasks to teach mathematical knowledge for teaching ［J］. Monograph of the association of mathematics teacher educators (AMTE), 2006.

［26］LAMPERT M. Designing and developing a program for teaching and learning teaching practice ［J］. Paper presented to the secondary teacher education program faculty, University of Michigan, Ann Arbor, 2006.

［27］BALL D L, FRANCESA M F. The work of teaching and the challenge for teacher education ［J］. Journal of teacher education, 2009, 60（5）: 497 –511.

［28］KILPATRICK J. Understanding mathematical literacy: The contribution of research ［J］. Educational studies in mathematics, 2001, 47（1）: 101.

［29］段素芬, VAN HARPEN X Y. 中美职前小学教师"教学用数学知识"的发展比较——以分数乘除法为例 ［J］. 数学教育学报, 2015, 24（1）: 38 –44.

［30］HILL H C, SCHILLING S G, BALL D L. Developing measures of teachers' mathematics knowledge for teaching ［J］. The elementary school journal, 2004, 105（1）.

第三部分 03

构造式实践的评价：精致化过程性度量

第五章

教师构造性知识精细化度量：从美国现代数学教师资格测试谈起

没有一种教育体系的质量会超越教师的质量。

——Andreas Schleicher（2018）[1]

多年来，美国教育界一直在孜孜不倦地探索提高教师资格测试的信度和效度。教师资格测试尽管有时受制于教育行政机构，并不是完全由教育专业人员来管理，但是专业研究人员的评价极大地影响着教师资格测试内容甚至测试形式，影响着教师资格测试进程（有时停止测试）。Ball 认为，由于不能严格度量教师知识，因此不能追踪教师知识的发展，以及对学生成绩的影响[2]。如何合理地、多元地、全方位立体地度量教师知识成为一个前沿话题。教师知识度量和教师资格测试尽管并不是平行发展的，但是二者发展的动力都是对优秀教师的需求和教师专业发展的内在需求，二者之间相互影响、相互制约由来已久。本文分析了美国现代教师资格测试特点，论述了现代教师知识理论下的教师知识精细化度量，探求现代基于实践的教师知识度量的本质。

一、美国现代教师资格测试特点

美国现代教师资格测试受当代教师知识研究发展的极大影响，Shulman，Ball 等研究团队关于"教师知识"理论在美国乃至世界影响广泛而深远，特别是 Ball 关于教师知识精细化分类极大地推动着现代教师资格测试的进程。

（一）教师知识的精细化分类——教师度量的风向标

受 Shulman 的研究团队 1980—1990 年研究工作的影响，研究者普遍认为教学中只具备数学课本知识是远远不够的。教数学不是在黑板和学生面前做数学，还包括其他的数学知识、能力和技艺。有人认为，教师总的数学能力是最重要的（U. S. Department of Education, 2002）[3]；另有人认为，教师总的能力需要在专业知识中实施，专业知识包括数学思维、教学工作任务的特殊性（Ball & Bass, 2003）[4]。Shulman（1986）认为教师知识包括三个方面，一是内容知识；二是学科教学知识（PCK）；三是教材知识，指的是教材内容在一段时间或更长的时间内如何展开的[5]。Hill（2004）指出教师知识分为两类：学科知识和帮助学生理解的知识[6]。Ball 着力聚焦于数学课堂实践，提出教学用数学知识（Mathematics Knowledge for Teaching, MKT），并参照 Shulman 的教师知识分类标准，将 MKT 做进一步精细化分类。

教师知识精致化分类的意义在于强调教学知识和学科体系知识的差异性，若二者的差异能加以甄别，基于实践的教师知识才有存在的基础。从美国教师资格考试中发现，哪些知识是教师所必须具备的，并没有形成共识（Ball，2005[8]；Hill，2004[9]）。教师资格测试中的试题指向模糊，方法不明确，研究者觉得有必要按知识类别精细化度量教师知识。Shulman（1986）指出，度量教师知识发展趋势在于增加测试教师的 PCK。有的旨在更倾向于测试教师观念，而不是专业技能[5]。同时，便于在学科教学实践中观察和检测教师行为，厘清教师知识精细化特征。

（二）现代阶段教师资格考试多元化手段——借助多指标的度量包

美国教师资格测试萌芽于 1896 年，历经 100 多年。经历了早期萌芽阶段（1896—1937），中期探索阶段（1937—1984），现代发展阶段（1984 年至今），已经积累了大量经验和做法，值得人们商榷[9]。在现代数学教师资格测试中，主要有五类测试：实践系列（The Praxis Series），跨州的新型教师评价和共同体维护评价包（IN-TASC），国家专业教学标准模块（NBPTS），美国优秀教师资格模块（ABCTE），加利福尼亚教师学科测试（CSET）。（表 5 – 1）

表5-1 美国现代五类教师资格测试比较[10][11][12]

英文简称	完整名称	创办时间和使用范围	测试机构	测试对象	测试内容	题目类型
The Praxis Series	实践系列	1993年代替NTE，至少43个州使用，每个州有自己的测试组合，有2个州使用实践111个度量课堂教学	教育测试中心	初入职教师	特点是设计数学教学任务。Praxis1——通识内容Praxis11——通识内容和教学内容；广泛用于小学教师教育，他们可以选择三个问题中的一个（30个数学问题选择题，110多个课程、教学、评价测试；4个驱动问题）。Praxis 111 - 教学技能（观察职前教师课堂展开）	多项选择、构造性答题、驱动型问题；Praxis 11是通过设计程序获得发展的，测试题目随后发展为"工作分析"（Job Analysis）
INTASC	跨州的新型教师评价和共同体维护评价包	1987年创建；虽然不是官方测试，但"初职前教师数学资格和发展标准：州对话的资源"（IN-TASC，1995）是领先的	跨州和国家教育机构联盟	初入职教师	特点是特殊数学教学观点下的测试：①内容知识测试；②教学法知识测试；③实际教学的评价	任务设置；8～12小时的教学包文献
NBPTS	国家专业教学标准模块	被24个州使用10年，均表明有效	受政府和教师教育协会支持	至少三年经验；需要州的最低教师资格，自愿认同资格	特点是成熟教师的观点的前奏：更好地度量专业化的教师数学知识	驱动问题（Prompts）

续表

英文简称	完整名称	创办时间和使用范围	测试机构	测试对象	测试内容	题目类型
ABCTE	美国优秀教师资格模块	5个州认同		职业流动教师，需要研究生学位	基于 ABCTE 标准	多项选择，计算机管理
CSET	加利福尼亚教师学科测试	加利福尼亚州、得克萨斯州以及几个面积小的州认同	既可作为州层面特殊评价测试，也可作为国家评价系统（NES）	不确定	遵循加利福尼亚公立学校的课程内容标准	选择题、解答题

从表5-2可以看出，美国现代教师资格测试具备的鲜明特色之一是分层分等级测试，选择多元化。有的是职前教师基本资格测试（如 The Praxis Series，INTASC），就算是 The Praxis Series 测试，再分为三个等级：Praxis1，Praxis11，Praxis111；有的是针对有经验教师的测试（如 NBPTS）；有的是针对优秀教师和职业流动人员的测试（如 ABCTE）。这种分层测试、选择多元化的理念体现了教师专业发展的阶段性，教师可以根据自己的职业发展选择适切的资格测试。美国各类考试各有侧重点，比如，INTASC 有着特殊的数学教学观

点，Praxis 有着教学设计任务，NBPTS 中展现的教学观点是"某些教师的一些成熟的观点的前奏"。INTASC 和 NBPTS 提供了有效测量的依据，测量效度和技术特性依据似乎比其他的更难。有利于教师梳理自己的教育理念，自觉自愿地参加教师知识度量。

鲜明特色之二体现在测试内容基于实践的多元化、结构化。如针对初职前教师的 INTASC 测试，其测试内容包括三个方面：①内容知识测试；②教学法知识测试；③实际教学的评价。其任务设置是具备 8～12 小时的教学包文献。[13]测试结构和现代普遍认同的关于教师知识理论的框架具有一致性，INTASC 和 NBPTS 测试包似乎设计成根据实践本身抓住教师的反省[14]，这和教师是"反省实践者"的观点一致（Schon，1995）[15]。测试注重设置驱动性问题，如 NBPTS 的驱动问题是[13]：在设问、智力参与、讨论和内容方面，什么样的证据展示在你的视频中？你怎样提升学生的知识和能力，让他们参与到智力活动中？你的视频中有特色的讨论和活动怎样揭示学生的推理和理解？从你的视频中描述一个具体的例子展示在你的课堂里，你怎样确保公平、平等以及和学生打成一片？（NBPTS，2006）

鲜明特色之三是教师知识测试精细化，不是简单粗略地测试教师学科知识。

样例一：The Praxis Series 测试题举例

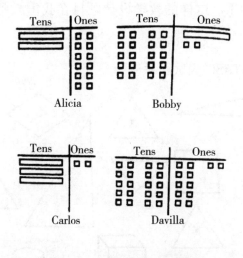

图 5 - 1 十进制教学示意图

Alicia 的课堂让学生更好地理解"十进制"。

分析：因为 Alicia 的十位数上用 2 个横条表示，个位数字用 12 个小方框表示，说明她明白了"借位"方法，并且用"十进制"来"借位"。考察了职前教师的 SCK。有人说 Carlos 也正确表示出来了，但 Alicia 比 Carlos 更能表明理解了"十进制"思想。

你在教解二次方程的单元，你已经教给学生怎样解方程，如二次平方根法和因式分解法，你计划教学生用配方法解二次方程；设计一个家庭作业，让学生完成一份用配方法解二次方程的作业。作业布置应该包含 5 个题目，其中有复习先前教过的技能，并在新的给定的材料中练习；简单解释原理，包括技能、题目阐述的观念（ETS，2002）。[16]

分析：这道题的答案比较开放，通过教学设计，考察职前教师的 KCT，以及 SCK。这样的教学设计题目在我国教师资格测试中比较少见。

样例二：INTASC 测试题举例

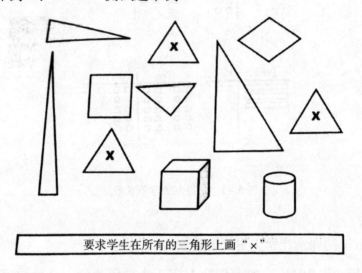

要求学生在所有的三角形上画"×"

图 5 – 2 INTASC 测试题举例

图 5 – 2 要求学生标出所有的三角形。

分析：这道题目考查教师的 KCT。对于如何教"三角形"概念，教师应该展示多种摆放姿势的三角形，同时让学生厘清三角形的自发概念和科学概念（平面内由三个角、三条边所围成的图形）的区别。[17]

样例三：NBPTS 测试题举例

特色驱动问题（prompts）：

（1）指出学生作业样本中的数学误区和困难。

（2）什么样的基本观念是学生在四年级需要学习技能时的前提条件？

（3）基于实际应用，陈述你的目标，作为教学策略或学习经验，来帮助这些学生。根据这个目标规划一个学习经历或教学策略，来进一步加深对这个数学观念的理解。你将使用什么样的材料来教孩子这些数学观念？给出你的材料选择的理由。

分析：这道题考查教师的"关于内容和课程的知识"。与其说是一道题目，不如说是一个小课题，可以考查学生相关的教学理念、教学思想。这正体现了 NBPTS 测试的目标：需要描述"什么是优秀教师应该知道的和能够做的？"更好地度量专业化的教师数学知识（NBPTS，2006）。[18]

样例四：ABCTE 测试题举例

如果 $a^3b^2c = 360$ ，问 $a + b + c$ 的值是多少

（A）10　　　　（B）16　　　　（C）17　　　　（D）22

分析：ABCTE 测试目的在于定义反函数、对函数做算术操作，解线性和二次方程与不等式组，扩展和识别线性模式（ABCTE，2006），这和 ABCTE 测试大多针对职业流动教师的特点有关。这个题目深度测试了教师的 SCK。

二、实践取向的现代教师多元化的复杂度量特点

教师资格测试形式和测试内容都随着教师知识研究的发展而变化，教师知识度量不仅关联教师资格，还关系到教师专业发展。合

理的教师度量体系能鼓励教师反省自己的教学，进而提高教师教学水平。

（一）美国现代教师资格测试的优势和不足

尽管专业人员参与测试程度在不断加强，教师测试"去专业化"现象仍然或多或少地存在。纵观美国测试历史，教师测试多半是被教育专业界外的机构控制：当地政府、州立法委员会和立法署、测试机构，因而受到研究人员的批评。多数情况下，这些测试倾向于抓基本技能，而不是复杂的、能帮助学生学习的基于工作特殊性的能力（Berliner，2005[20]；Haney 等人，1987[21]；Wilson & Youngs，2005[22]）。

近 20 年来，教师知识度量特点在于：第一，政策制定者越来越呼吁教师和教育工作者的担责，1980—2000 年需要做教师测试的数量极大增加。[23]第二，数学教师工作者开始理解数学教学知识的性质，仅仅知道内容知识是远远不够的，这一点深入人心。教师必须拥有特殊专业的关于内容、学生和教学的数学知识。第三，当今时代，测试教师的专业已刻不容缓，尽管反对教师测试的呼声也很高。至少有两个国家级别的专业机构已经建立，旨在提升教师测试的新形式，教学、教师机构以及教师测试之间不再有敌对。[24]

表 5 - 2　美国教师资格测试的优势和不足[24]

优势	不足
1. 更多从学术上度量教师的 MKT	1. 评价越接近于实践，使用的可能性越小
2. 更多现有的资格测试清晰地试图评价教师专业上的特殊数学知识，如 PCK	2. 平等
	3. 可靠性
	4. 缺少测试效度的依据
3. 基于行为的评价容易激励教师做反省和学习	5. 需要明确的有趣的事情是数学专题如何测试会随着时间而改变

（二）现代的基于实践的教师知识度量的本质

第一，教师评价中究竟应该度量什么知识，采取什么形式度量？Ball 的教师知识精细化分类提供了一个有效视角：度量教师知识是基于实践的度量，目的不是单纯地揭示教师知道了什么（如学科专业知识或所谓"最新教育理论"），而是测试知识背后的内容，理解教学实践中教师知识和学生学习的关系，教师知识和教学的关系，最终理解教学中知识和知道的本质区别。应着眼于教师专业发展，聚焦于学科实践，在鲜活的学科实践过程中精细化度量教师的 SCK、KCS 和 KCT，教师度量才能给教师专业发展提供合理化的风向标。

第二，教师度量的作用不是给教师压力，而是鼓励教师反省自己的实践，有学者认为，NBPTS 的资格过程激励成长和自我评价（Rotberg，Futrell & Lieberman，1998）[24]，教师度量应该自下而上，来自教师自发的内在专业发展的需求，而不是自上而下的行政命令。

在前一种情况下，教师自觉自愿地将教师知识度量落实到每节课堂的实践中，通过自己的反省，教师度量不断走向深化。同时，在轻松的氛围下，教师与评价者之间的交流更容易流露自己真实的想法。

第三，基于实践的教师知识度量决定了教师知识度量方法的多元化，没有哪种单一的方法能有效度量教师知识，教师实践的复杂性决定了教师知识度量方法的复杂化。

度量教师知识方法主要包括：①观察教师实践。1985 年，Leinhardt & Smith 关于数学教学的专业性研究中，用了"深度描述"的方法。[25]②探求教师知识。数学访谈和任务。③评价教师和学生学习的相关性。度量教师和学生的学习，不是单一地度量教师，而是把度量教师知识和学生学习成效结合起来。④其他方法。问卷（Pencil – and – Paper）评价，至少是小型至中型规模的研究项目。如 Kersting（2004）开发了一个网上的测试，通过对十个小型教学视频场景的反馈来测试教师知识。[26]首先，它是当今专业化发展方法，特别是运用视频为教师做分析和反馈，分析教师的教学场景；其次，相对于调查问卷，对教师少一些胁迫；最后，评价可以蕴含在基于视频的专业化发展设置的一系列教师工作中。

教师度量应该整合两种以上的方法来度量教师知识，而不是简单惯性地采用单一方法。采用多种方法才能从多角度观察教师，获取教师知识的真实面貌。同时，也给教师提供多种机会展示自己的实际水平，才能对教师知识做有效度量。

第四，基于实践的教师知识度量决定了度量教师知识的工具的复杂化。

度量教师知识不是单一或简单指标组合可以完成的，需要多个复杂指标组合成度量包，经多次度量才可以获得科学的教师知识度量结果。为了获取更多的特殊的数学课堂教学的汇总资料，美国主要采用三个检测包（Protocol）。（见表5－3）

表5－3 美国教师知识评价的三个新一代检测包（2000年后）[27]

	RTOP	Horizon's instrument	LMT－QMI
中文名称	改进的教学观察包（Reformed Teaching Observation Protocol）	课堂内部观察和分析包（Inside The Classroom Observation And Analytic Protocol）	为教学而学习数学——教学中的数学质量（Learning Mathematics For Teaching：Quality Of Mathematics In Instruction）
作者和创建年份	Sawada&Pilburn, 2000	Horizon, 2000	LMT, 2006
应用对象	大范围度量教师知识，课堂教学符合NCTM标准的程度，度量教师的教学质量	大范围度量教师知识，课堂教学符合NCTM标准的程度，度量教师的教学质量	作为度量教师教学的又一个选择工具。驱动问题包括数学语言、计算错误、解释和说明
度量内容	不是直接度量教师，是看教师如何将知识呈现给学生时的组成要素	不是直接度量教师，是看教师如何将知识呈现给学生时的组成要素	教师在教学中表现出的数学知识的呈现方式
指标要素	数学内容的丰富度和准确度，以及呈现给学生的方式	数学内容的丰富度和准确度，以及呈现给学生的方式	数学教学要素中的准确度、表现，包括表征、解释、判断和数学实践的清晰脉络

	RTOP	Horizon's instrument	LMT – QMI
度量前预备	提供网上在线培训	提前两天训练，给出明确标示的指标	差不多提前两年达成关于指标框架的协议
共同的不足之处	1. 语言和解释问题；2. 度量的汇总性和逻辑性问题		

借助测度工具作为度量手段的最大好处是相对客观，表 5 – 3 中罗列的工具都是经过实践检验的，具备一定的可行性，信度和效度也得到了大规模统计样本的检验，因此可以相对客观地用于教师知识度量中。但技术手段往往有一定限制条件，在实践实测中，应根据教师状况选择适切的测量手段。如 Horizon's instrument，是需要提前两天训练，给出明确标示指标的。只有施测者和被试者都明确测试指标，才能合理地精细化度量教师知识。

三、启示

教师职业专业化的提升，以及优秀教师的社会需要，使得教师知识度量的科学化、规范化进程刻不容缓。特别是在当代，教师资格制建设已经成为教师选拔的新常态。但在教师资格测试中，仍然存在着教师知识度量的简单化、单一化现象。比如，对于数学教师的选拔，在资格测试中内容老套，仅仅注重数学内容知识（如中考或高考题），或者单一的教育学、心理学知识的问卷测试，没有关注数学教学知识的度量；或者教学知识度量零散化、随意化和简单化，缺乏系统性；度量方法简单粗暴；度量手段单一；"去专业化"现象盛行，教师资格测试被行政机构把持，教育专业人士难以进入决策层，顶多只是"锦上添花"；度量受外力压迫，非教师自觉自愿等。这势必造成教师知识测试无法反映教师的课堂教学情况，更无法预测教师将来的教学能力，使得教师资格测试只是一个摆设，不利于优秀教师的选拔和培养。

美国基于实践的教师知识度量理念极大地影响着教师资格测试的形式和内容，对我国教师知识度量和教师资格测试的启示有如下方面。

（1）注重度量教师的学科教学知识。教师知识度量的内容包括学科内容知识、学科教学知识，要力求教师知识度量与教师的教学正相关，仅仅测试学科内容知识或者生搬硬套地加入"教育学""心理学"测试，是无效的资格测试。测试要小心谨慎，无论是教师资格测试，还是教师度量，测试题的编撰要尽可能考虑教师知识中的 SCK，KCS 和 KCT。

（2）采取多元度量形式并举的措施。单一的问卷测试或者简单提问的"面试"已经远远落后于国际前沿做法。应采用多元度量形式有效融合，形成度量包。比如，可以采用"教学包文献法"，其中包括教师的教学设计、教学视频、教学反省等文献，充分反映教师的教学实践。

（3）教师资格测试机构要注重与教育专业研究人员珠联璧合，

吸收教育科研最新成果，不断改进测试系统。教育专业人员在资格测试中要有"话语权"，而不只是充当"顾问"角色，只有强大的专业引领，教师资格测试才能走向健康长效发展的道路。同时，要注重提高专业评价者的识别教学实践中运用数学知识的能力。

参考文献

[1] SCHLEICHER A. Thoughts on the future of teaching [J]. Beijing international review of education, 2019, 1 (2/3)：302 – 302.

[2] HILL H C, SCHILLING S G, BALL D L. Developing measures of teachers' mathematics knowledge for teaching [J]. The elementary school journal, 2014 (105)：11 – 30.

[3] BALL D L, BASS H. Interweaving content and pedagogy in teaching and learning to teach：Knowing and using mathematics [M] // BOALER J. Multiple perspectives on the teaching and learning of mathematics. Westport, CT：Ablex, 2000：83 – 104.

[4] BALL D L, BASS H. Making mathematics reasonable in school [M] //MARTIN G. Research compendium for the principle and standards for school mathematics. Reston, VA：National council of teachers of mathematics, 2003：27 – 44.

[5] SHULMAN L S. Those who understand：Knowledge growth in teaching [J]. Educational researcher, 1986 (15)：4 – 14.

[6] HILL H C, BALL D L. Learning mathematics for teaching：Re-

sults from California's mathematics professional development institutes [J]. Journal of research in mathematics education, 2004 (35): 330 – 351.

[7] HILL H C, SLEEP L, LEWIS J M, et al. Assessing teachers' mathematical knowledge: what knowledge, matters and what evidence counts? [M] //LESTER F K, Jr. Second handbook of research on mathematics teaching and learning. Charlotte, NC: Information age publishing , 2007: 111 – 155.

[9] BALL D L. Content knowledge for teaching, what makes it special? [J]. Journal of teacher education, 2008, 59 (5).

[10] Educational testing service. Praxis study guide for the mathematics tests [M]. Princeton, NJ: Author, 2003.

[11] Educational testing service. Elementary education: Curriculum, instruction and assessment (2011) [M]. Princeont, NJ: Author, 2005.

[12] Educational testing service.. Mathematics: Content knowledge (0061) [M]. Princeton, NJ: Author, 2005.

[13] Interstate new teachers assessment and support consortium. (2006). Intasc portfolio development [EB/OL]. Http: //Www. ccsso. org/projects/interstate_ new_ teacher_ assessment_ and_ support_ consortium/project/portfolio_ development. , 2006 – 06 – 21.

[14] National board for professional teaching standards. handbook on

national board certification [EB/OL] . http: //www. nbpts. orf/ userfiles/file/scoring handbook, 2006 – 06 – 29.

[15] SCHON D A. The reflective practitioner: How professionals think in action [M] . Aldershot, England: Arena, 1995.

[16] Educational testing service. Praxis study guide for the mathematics tests [M] . Princeton, Nj: Author, 2002.

[17] GRACHBER A O, TIROSH D, GLOVER R. Preservice teachers' misconception in solving verbal problems in multiplication and division [J] . Journal for research in mathematics education, 1989, 20 (1): 95 – 102.

[18] National board for professional teaching standards [EB/OL] . http: //www. nbpts. org/, 2006 – 07 – 20.

[19] KILPATRICK J, SWAFFORD J, FINDELL B. Adding it up: Helping children learn mathematics [M] . Washington, DC: National academy press, 2001.

[20] BERLINER D C. The near impossibility of testing for teacher quality [J] . Journal of teacher education, 2005, 56 (3): 205 – 213.

[21] HANEY W, MADAUS G, KREITZER A. Charms talismanic: Testing teachers for the improvement of American education [J] . Review of research in education, 1987 (14): 169 – 238.

[22] WILSON S, YOUNG P. Research on accountability process in teacher education [M] //COCHRAN – SMITH M, ZEICHNER

K. Studying teachers education: The report of the AERA panel on research and teacher education. Mahwah, Nj : Erlbaum, 2005: 591 – 644.

[23] ALBERS P. Praxis 11 and African American teacher candidates (or, is everything black bad?) [J] . English education, 2002, 34 (2): 105 – 125.

[24] ROTBERG I C, FUTRELL M H, LIEBERMAN J M. National board certification: Increasing participation and assessing impacts [J] . Phi delta kappan, 1998, 79 (6): 462 – 466.

[25] LEINHARDT G, SIMITH D A. Expertise in mathematics instruction: Subject matter knowledge [J] . Journal of educational psychology, 1985 (77): 247 – 271.

[26] KERSTING N. Assessing what teachers learn from professional development programs centered around classroom videos and the analysis of teaching: the importance of reliable and valid measures to understand programs effectiveness [J] . The annual meeting of the American educational research association, 2004 – 04.

[27] HILL H C, ROWAN B, BALL D L. Effects of teachers' mathematical knowledge for teaching on student achievement [J] . American educational research journal, 2005 (42): 371 – 406.

第四部分 **04**

构造式实践的教学再定位：
课堂关键事件研究

第六章

对课堂关键事件"即时决策"的注意：
职前教师教学决策再定位

　　叙述研究可以从参与者那里获得数据，这些数据反映了参与者在自然状态下的思考或说法方式，传递出个性化通常是感性化的意蕴。

　　　　　　　——Meredith D. Gall，Joyce P. Gall，Walt Berg（2016）[1]

一、研究背景

　　教师专业拥有策略型注意、理解方式，并推动了有效注意，注意本质上是从不同视角观察课堂（Cornella et al. 2017[2]，Sherin et al. 2011[3]）。大多数研究者都基于 Goodwin（1994）关于注意是专业视角（professional vision）的说法[4]，以及 Mason（2002）注意的法则[5]。Mason（2008）[6]指出，注意包括五个方面：关注总体、审查细节、认识关系、抓住性质、根据已有性质作推理。另外，研究者区分了构成理解的不同成分，有的专门聚焦于教师对事件的解读，有些研究者聚集于关于如何反馈教师的决策。Van Es 和 Sherin（2008），Sherin 和 van Es（2009）关于教师注意的前期工作认为教师注意是对特别有价值的事件（Note - Worthy Events）的选择和注意[7][8]。Jacobs 等人（2010）[9]认为对学生的数学思维的专业注意包括三个技能：①关注学生策略的细节；②解释学生策略中所表现的理解；③决定怎样根据学生的理解来反馈。研究者关于数学教师注意的其他差异聚焦于是否关注于记录教师所发现的有价值的方面，以及记录教师是否注意研究者所认同的重要的教学特殊方面。注意使教师聚焦于有用的细节，而忽视其他方面，但是注意可以用作维持教学和学习的复杂性（Mason，2011）[10]。Mason（1982，2002）[11][5]建议注意的中心法则是所设计的一揽子研究能激发人们去注意将来的机会，采取新的行为而不是自动化地按习惯行事。他进一步建议注意产生了洞察力，指引了教学行为、学习行为，以及和数学相关的专业发展行为。正如 William James（1989）[12]所建议的，注意或者同步反馈，或者有目的地反馈。注意既是观察，也是观测所发生的媒介。注意是关注的移动和转化。Mason（2011）[10]指出，注意法则是指一揽子技术①预先即时注意，即预先充分地思考；②事后对最近发生的事反省，遴选你想要注意的或被特别激发的注意，就是"即时决策"，然后采取新的行为而不是遵循常规；③进行中的即时注意能采取新的行为，而不是遵循常规。

Schon（1983）[13]建议，教师要协调自己的变化，帮助他们提升"事件"（Stance），注意他们自己的实践、分析、调节，挑战他们的设想，自我支持式（Self‑sustaining）地反省他们的理论和实践。学会从一个问题推演到下一个问题，学会评判、理解和在实践中学习。这是一个个性化过程，会使某些情境视角改变，或者创建新的学习。

这能始于个体经历，对实践的运用，导致教学提升（Mason，2008）[6]。他把注意定义为不仅是为了生存，也因此从实践和将来的实践中学习（Mason，2002）[5]。注意发生于内外的刺激和激发（Mason，2008）[6]。

教学决策具有多重选择性，这取决于教师的知识和倾向。比如，直接告诉学生答案，违背了应该如何教学的观念，经验教师不会直接告诉学生正确答案（Schoenfeld，2010）[14]。神经生理机能知识认为，决策过程经常是无意识，或没有理由的（Damasio，1994，1999[15][16]；Lehrer，2009[17]）。Schoenfeld（2002）[18]认为，决策是自动化的现象，是多个因素作用下的职前教师瞬间决定，也是主体价值（subjective value）判断的过程，包括监控、自发原则和主体价值。课堂"即时决策"是教师有足够多的资源，以审慎的、轻松的、及时的方式去反馈学生的发言（Schoenfeld，2010）[14]。Schoenfeld（2010）倡导的课堂教学的"即时决策"（In–the–moment Decision Making，IDM）取决于三个要素：师生互动的目标、教师的教学倾向、师生互动所用资源（Schoenfeld，1985，1989，2010）[19][20][14]。Ball（2008）[21]需要强调的是，几乎所有教师的决策都是高度仰仗教学情境的。教师是否决定让学生详细叙述某个知识点，取决于当天课程留下的时间长短、教师对学生预备和意愿的感知的多少、课堂是否被参与等其他要素。

Mason（1994，2002）[22][5]讨论了这样的进程：提出教师的基础是自我改变。这个进程是从内部做研究和"注意"，需要教师审视自己的自我工作经历,是内省的(Introspective)(切入者见证在行动中把握观察本身)和交互的(即人们分享观察,彼此发生作用,从商讨的主观信息中产生目标)(Mason 2002)[5]。Mason (2008)[6]解释,从内在研究的核心是参与实践,从而发展对其他事物的敏锐力,能解释结果。他定义注意是"累积的实践",既是内在的,也是外在的,它来自实践,也是指明将来的实践(Mason,2002)[5]。它是一个所经历实践的参照,通过邀约从自身实践中检验实践。

综上所述,教学决策和教学转变都是内省、外在干预结合的产物,是复杂、多样化、个性化的。考虑到职前教师转变不可能在较短时间内发生,转变也不太容易测量,笔者主要聚焦于职前教师的意识如何改变,笔者界定为"再定位"。为了帮助职前教师通过外在干预和内在反省做关于教学的再定位,笔者制定了一个工作坊实践模式(见图6-1),包括认知干预、注意"即时决策"、信念导向的内省追溯。本研究试图回答下列问题:①职前教师在工作坊认知干预下,如何注意经验教师关键事件的"即时决策"?②职前教师在注意经验教师关键事件的"即时决策"时,怎样产生教学决策再定位?

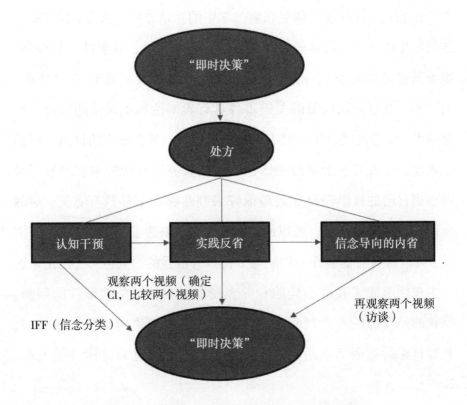

图6-1　职前教师的教学再定位的工作坊实践模式

注：IFF 是指 IDM 影响要素框架（见图6-2），修正于 Schoenfeld（2011）[14]
IDM 是指即时决策，CI 是指关键事件。

二、研究框架

（一）关键事件、"即时决策"

教学任务设计的主要教学方法和主要考虑是关键点，它组成"课堂核心"（Yang &Ricks，2012）[23]，这也是常规教学所指的"重点、难点"。但本研究中的课堂关键事件是指对教学中"有意义事件"的辨别，往往涉及师生在教与学中的互动方式。首先，观察和记述所发生的事情，是对事件的事实性描述。其次，对事件进行解释、赋予其意义。前者是关于"什么"的记录，后者是关于"为什么"的分析。在这种认识下的关键事件具有典型性和主观性的特征。所谓典型性，是说关键事件具有一定的代表性，具有分析的价值。所谓主观性，是说对一个事件关键性的判断取决于教师的主观理解，教师根据自己的教学经验和兴趣偏好来判断哪些事件具有意义，对教学研究具有促进作用。可以说，是教师自己创造了"关键事件"。因此，可以认为关键事件的判断与分析具有很强的个人色彩，也正是这一主观性形成了教师不同的专业表现和行为。对关键事件的判断，反映的是教师的专业判断力。与专业研究者理论构建的旨趣不同，教师日常的教研活动是实践导向的、以教学改进为目标（杨玉东，2009）[24]。

"即时决策"是教师的教学信念、教师知识、教学思维方式与具体情境交互作用的内隐思维过程和相应外在课堂行为表现的统一，是教师在课前计划、课堂实施活动、课后反思过程中应对教学问题的认知思维活动，是解决课堂教学问题时的价值判断和选择过程（杨豫辉、宋乃庆，2010）[25]。教学决策具有过程性和内隐思维性的整体特征。它和教学预设中不同任务转换的决策不一样，教学任务转换是职前教师事先精心设计的、根据教学环节做的周到安排。"即时决策"除了取决于教师知识和价值判断，往往还受教学情境、学生即时反馈、教学推进策略等多种难以预料的教学因素影响。

（二）"即时决策"框架

本研究基于 Schoenfeld（2011）提出的"即时决策"的三个要素：师生互动的目标、教师的教学倾向、师生互动所用资源（Schoenfeld，1985，1989，2010[19][20][14]，将"即时决策"分为两类：显性要素和隐性要素。显性要素包括教学目标和教学资源，教学目标使决策成为目标导向的架构，它提供了一个直接路径，是激发职前教师的决策（Schoenfeld，2010）[14]；目标导向的决策植根于职前教师的教学设计中，体现在职前教师的指向目标的教学行为中。本研究将教学目标分为三类：突出目标、主要内容和学习目标、特定学生行为情境目标（Schoenfeld，2010）[14]。教学目标的多元化是教学个性的指标之一。另一个显性要素是教学资源，是指处理内容、相关话题、处理课本、手头材料等的技艺，直接指向学生的活动或理解，包括两个方面：当他们在共同体内学习时，学生怎样参与教学；什么样的教学有利于学生参与教学（Schoenfeld，2010）[14]。本研究将教学资源划分为两个维度：沉浸式情境设置（Immersion Context）、启发式教学策略（Heuristic Strategy）（Jarmila，2017）[26]。沉浸式情境设置是指在教学中嵌入学生思维或理解过程。比如，Schoenfeld（2010）[14]指出，对于 $(x+y)^2 = x^2 + y^2$，人们知道这是错的。但如果学生用 $x^2 + y^2$ 代替 $(x+y)^2$，这个错误的认同就会成为他知识的一部分，教师就会针对他使用这样的知识而加以应对。这是沉浸式情境教学资源的一部分。启发式策略是指在和学生互动中采用"猜想（Guess）—检验（Check）–修正（Revise）"的过程，而不是直接告诉学生解决方案（Jarmila，2017）[26]。

但教师的决策不是仅仅为某个目标服务，或是教学资源作用下的一念之想，实质上还取决于教师的隐性要素——教学倾向。教学倾向是个概括性词汇，包括教师的信念、价值观、在情境中的偏好。本研究将教学倾向分为教学信念和教学隐喻。由于教学倾向的形成是一个长期个体经验化的过程，本研究基于职前教师在工作坊研究中的自我反省，根据教学倾向的定义做自我归类。本研究的"即时决策"架构如下：（见图6-2）

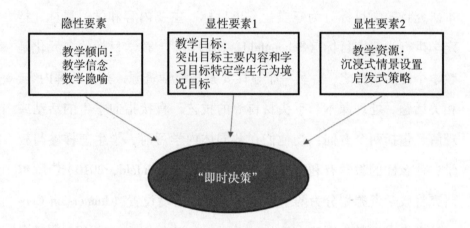

图6-2 职前教师"即时决策"影响要素框图（修正于 Schoenfeld（2010）[14]）

注：Schoenfeld（2010）定义了三种类型的教学目标。

（1）突出目标：完成共同体法则、寻找教学议题、探讨学生的专题理解。

（2）主要内容和学习目标：上次学习回顾，理解学生自己的教学。

（3）特定学生行为境况目标：发言、强调学生陈述、管理互动、进入谈话、创建平台。

三、"即时决策"工作坊研究

（一）工作坊研究介绍

研究对象：参加者有 7 位教师，包括 1 位经验教师和 6 位职前教师。T1（吉）经验教师有 9 年工作经验，参加过"中英教师互派交流"项目，曾赴英国教学交流 6 周，是一位开放型的、善于学习的教师。其他 6 位职前教师都有教师资格证，并处于教育实习期，实习后即将进入正式执教期。

（二）研究过程一：两节"同课异构"课"即时决策"比较分析

"同课异构"是指 T1（吉）教师和 T2（沈）职前教师几乎同时独立地上同一堂课：这是一节小学四年级的数学课，两个班级均来自同一所小学的四年级，彼此学业水平没有显著性差异。两节课都录像并采集数据。

为了确定关键事件，工作坊的具体做法是：首先，召开工作坊讨论会，6 位职前教师各抒己见，发表自己对关键事件的理解，最后形成统一认识；其次，让 6 名职前教师现场观摩 T1（吉）教师的课，自主选取课堂录像 3 ~ 5 分钟的片段，并录制下来；最后，再次召开工作坊讨论会，展示自己的关键事件录制视频，并阐述自己选取它的充分理由。（见表 6 – 1）

表6-1 职前教师对关键事件（CI）的选取和理由

教师	CI 1：垂直定义	教师	CI 2：垂直应用
T2（沈）	这个场景被学生敏的问题推动，我惊讶于学生马在这个时刻提出的一个有趣想法。我想找到学生似乎感觉困惑和力图解决的时刻	T3（李）	鼓励学生接受更多挑战，学生在这个场景讨论热烈
T5（葛）	教师更加关注概念定义，也能更大地影响后面的教学；界定概念是教学中不可或缺的部分	T4（罗）	学生在这个点花了更多时间，学生在这个场景更活跃
T7（杨）	这个场景是这节课的关键点，是后来教学点基础，对学生的理解至关重要		
T6（魏）	这个场景知识对学生理解后面内容至关重要，数学思想得以产生于学生几乎没有问题时		

　　从表6-1中可看出，关键事件的选取过程有利于初步了解6位职前教师的价值判断和教学注意，研究者发现：第一，6个职前教师中有4个选择了"垂直定义"这一场景作为关键事件（CI）。他们都给出了不同的选择理由，但研究者发现这些选择理由多半仰仗他们对教学活动的独特观察（如关键概念的界定、学生参与讨论、

提问等）。说明职前教师的确是根据经验自己创造了"关键事件"；第二，这一举措对工作坊实践的外在认知干预、实践反省起到很好的基础铺垫作用。经由工作坊讨论，本研究选取的 CI 是引入新课之后，讲述"垂直"数学定义的教学片段。

研究者着手研究关键事件，画出两个教师的关键事件"即时决策"分析图。（分别见图 6 –3、图 6 –4）

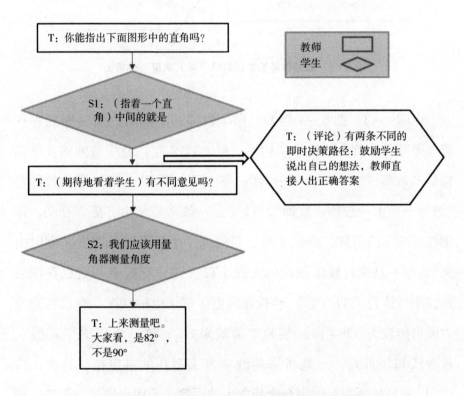

图 6 –3 经验教师的关键事件"即时决策"分析图

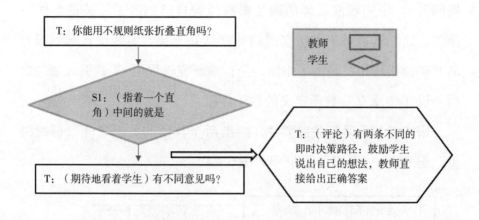

图6-4 职前教师的关键事件"即时决策"分析图

由图6-3、图6-4可知，两个教师的"即时决策"路径存在着显著差异。首先，教学结构不一样，T1（吉）经验教师的教学结构是"教师—学生—教师—学生—教师"，而T2（沈）职前教师是"教师—学生—教师—教师"。T1（吉）教师与学生有更多互动，仔细倾听学生的语言。她似乎是更多根据学生的即时反馈做"即时决策"，而不是执行教学预设的流程。T2（沈）职前教师自己在课后访谈中也认为"T1（吉）经验教师更了解学生的状况，自己在交流方面可能没有T1（吉）经验老师效果好"。这一点形成"震撼"，成为认知转折点，给她将来的教学带来潜在的再定位。其次，T1（吉）经验教师在互动中会诠释学生的回答，采用启发教学策略。比如，T1（吉）经验教师以不置可否方式诠释了S1的回答，因为"看起来像垂直"是很多学生的生活经验；抛出问题：有不同意见吗？并请S2学生拿着量角器上来解释。倚仗解释学生反馈的递进式教学策略，推进 CI 发展；而 T2 职前教师提出问题后，接着 S1 指出正方形纸张相邻两边是垂直的，不需要折叠时，T2（沈）职前教师没有启发学生回到问题，就迫不及待地开始用不规则纸张展示如何折出"垂直"。

（三）研究过程二：职前教师的教学决策再定位

研究步骤：如下，第一，观看 T2（沈）职前教师"同课异构"课视频：四年级（下）"垂直"课。第二，观后仔细思考，回答下列问题：①你认为数学隐喻是什么？②你认为她设计的目标是什么，她是怎样达到目标的？③她看重什么样的问题情境，怎样去沟通？第三，一周后再次观看两节"同课异构"课视频，回答以下问题：①你认为她们的最大差异体现在哪里？试从教学目标、教学资源角度分析；②你觉得她们在最有野心的挑战性的事件有什么差异？③你觉得她们的关键性事件上有什么差异？结合具体讲课说出你的理由。第四，研究结果分析：Dewey 在其 1933 年出版的《我们怎样思维》[27]中把"反思"界定为"对于任何信念或假定性的知识，按其所依据的基础和进一步结论而进行的主动的、持续的和周密的思考并据此提出了著名的"思维五步法"，即暗示、产生问题、假设、推演假设、检验假设。思维五步法几乎贯穿 Dewey 的教学思想中，他把反思习惯的获得看作教育的一个根本目的（Zeichner, 1994）[28]。研究者将按照 Dewey 的"思维五步法"，分析 6 位职前教师的教学反思过程，从而揭示他们各自不同的教学决策再定位。

表 6 - 2　T2（沈）教学决策再定位分析

项目	容易忽视的方面	讨论后感觉最具挑战性的触动（Stimulus）
教学目标	突破难点，突出重点	"判断垂直、做垂直良好习惯养成，不丢三落四"——主要内容和学习执行目标
教学资源	善于获取和积累外部现有教学资源，并对它进行加工处理	"学生认知方式、主客体相互关系的把握程度"——启发式策略

从表 6 - 2 中可以看出，T2（沈）的反思着眼于学生已有认知，从学生获得角度做价值判断。知识的处理加工过程是她的假设，她自然会在将来教学中对学生的知识处理加工过程做检验，因而成为她教学再定位的取向。

T3（李）进一步强调，关于数学隐喻，她认为数学是经验。正是人们对生活经验的不断总结和提高，数学才得以迅速产生和发展。她认为"容易忽视的地方"和"感觉最具挑战性的触媒"如表 6 - 3 所示：

表 6 - 3　T3（李）的教学决策再定位分析

项目	容易忽视的方面	讨论后感觉最具挑战性的触动（Stimulus）
教学目标	指导学生用工具判断两条直线相交是否成直角	"用量角器判断直线垂直、折纸折出垂线"——学生行为情境执行目标
教学资源	从学生熟悉的场景抽象出数学符号	"折纸折出垂线，是学生对所学新知识有进一步认识后作出行为"——沉浸式情境设置

T3（李）的反思着眼于交流的活动，教学活动成为她教学价值判断的视角。课堂教学活动成为她的假设，师生活动如何开展，成为她的假设推演。因而在今后教学中会自发地检验师生活动的假设，这自然成为她教学决策再定位的取向。

T4（罗）认为由于学生思维方式的巨大差异性，在教学中只有注重培养数学思维才能解决根本问题。经验作为一种心理现象，是属于个人的，是隐藏在一个人的内心深处的。她认为"容易忽视的地方"和"感觉最具挑战性的触媒"如表 6－4 所示：

表 6－4　T4（罗）教学决策再定位分析

项目	容易忽视的方面	讨论后感觉最具挑战性的触动（Stimulus）
教学目标	未强调学生表述，没有通过学生的回答来找出问题	"从学生的表现来判断学生是否真正理解和掌握"——学生行为情境执行目标
教学资源	不同人数为群体进行讨论交流，建立学习共同体	"判断'垂'字中有几个垂足，非常吸引学生的目光"——沉浸式情境设置

T4（罗）着重注意学生的活动和表现，学生活动成为她的教学价值判断，因而对学生表现的细微注意成为她的假设推演，在今后的教学中会自发地加以检验，从而成为她的教学再定位方向。

T5（葛）认为要经过精心设计，使教学符合学生心理——考虑学生可能的理解——调整设计。她认为数学是生活科目，理由是数学植根于生活，倡导数学的应用性。她认为"容易忽视的地方"和

"感觉最具挑战性的触媒"如表6-5所示：

表6-5　T5（葛）教学决策再定位分析

项目	容易忽视的方面	讨论后感觉最具挑战性的触动（Stimulus）
教学目标	忽视学生已有经验	"让学生自己画出相交线，然后用数学语言给出垂直定义。从学生已有经验出发，让学生动手操作"——学生行为情境执行目标
教学资源	走过场式地使用城区地图	"用和学生有关的学校附近的地图，并让学生指出本校位置，这样学生更有参与感。在后面判断直线是否垂直时一直用"——沉浸式情境设置

　　T5（葛）注意到教学中教师的指引、课堂导向、如何把握和掌控课堂成为她的教学价值取向，管理课堂过程成为她的假设推演，在今后的教学中她会自发地检验假设，因而成为她教学决策再定位的大致取向。

　　T6（魏）认为教师的期许和想要达到的目的，是要把所有想法融入行为中。数学隐喻认为数学是生活科目，因为数学来源于生活，并融入生活、作用于生活。她认为"容易忽视的地方"和"感觉最具挑战性的触媒"如表6-6所示：

表6-6 T6（魏）教学决策再定位分析

项目	容易忽视的方面	讨论后感觉最具挑战性的触媒（Stimulus）
教学目标	更多的还是注意自己讲的内容，缺乏对学生的考虑	"目标更加突出共同体法则，学生如何去理解知识，注意的对象是学生"——突出目标执行
教学资源	讲述得流畅，逻辑清楚、透彻	"较平等的对话，有深入的互动，有学生做小老师"——沉浸式情境设置

T6（魏）注意到社会共同体交往，关注对话发生过程。对事件的发生、发展过程的整体评价是她的价值判断，她将课堂事件展开作为假设推演，在今后的教学中她会自发地加以检验，因而成为她教学决策再定位的取向。

T7（杨）强调"授人以鱼，不如授人以渔"，是指教给教育者获取知识的思维方法。教学隐喻是生活科目，数学是打开知识大门的钥匙，在生活中学数学，在生活实践中取材。她认为"容易忽视的地方"和"感觉最具挑战性的触媒"如表6-7所示：

表6-7 T7（杨）教学决策再定位分析

项目	容易忽视的方面	讨论后感觉最具挑战性的触动（Stimulus）
教学目标	不能通过直观感知，而是要具体测量	"师生交流如何判断两直线垂直"——学生行为情境执行目标

续表

项目	容易忽视的方面	讨论后感觉最具挑战性的触动（Stimulus）
教学资源	忽视在教学中作情境设置，只注意课前情境设置	"折纸融入数学课堂"——递进式教学策略

T7（杨）特别注意师生交流、注意学生活动，师生交流的过程是她的价值判断尺度，她将师生如何交流作为她的反思假设推演，在今后的教学中她将不自觉地加以检验，成为她教学决策再定位的着眼点和努力方向。

研究小结：

第一，6 位职前教师经过工作坊的"确定 CI"活动后，对她们做适时认知干预，"她们出乎意料地呈现，打开一扇门，那是对职前教师有意义的渠道，能使她们理解如何在实施实践中改变"（Chapman，2017）[29]。认知干预在一定程度上影响了她们有意识地系统化注意即时决策，使她们对教学"即时决策"的认知更加丰富，少一些简单化、经验化。

第二，由于教师独特的教学价值判断，每个教师的教学注意都基于自己关于教学的潜在认知。教师的教学改变不是轻而易举的，需要在工作坊中通过比较经验教师和职前教师的教学，受到"震撼"而留下深刻印象，具备"即时决策"触媒，职前教师才会获得自发的、真正意义上的、基于自己教学价值判断的教学决策再定位。

第三，职前教师教学决策再定位是外在认知干预、实践反省综合作用的结果，具有典型性和个体差异性。通过工作坊实践活动的外在干预，职前教师获得反省，借助于"震撼""深刻印象"等个体体验，形成独特的即时决策触媒，而构成自己的内省，决定了职前教师教学决策再定位的不同方向。

四、研究结论

俗话说"外行看热闹，内行看门道"。职前教师如何学会抓住课堂关键事件做"即时决策"，是由"外行"转变成"内行"的分水岭。本研究探索的工作坊模式试图从外在认知干预、实践反省和个别化内省等方面促成职前教师的教学决策再定位，进而实现教学转变。职前教师通过观察经验教师在课堂关键事件的"即时决策"行为、梳理影响教师"即时决策"的要素，获得个别化内省和做教学决策再定位。教学转变绝不是简单笼统的、主观性的、经验式的课堂评议。"即时决策"不是脑袋急转弯的偶然性决策，而是在教学中借助教学倾向和价值判断，做分解目标实施，使用启发式教学策略和沉浸式情境设置的必然性结果。职前教师的教学决策再定位不是一蹴而就的，而是认知干预、实践反省和价值判断主导下的内省共同作用结果。

参考文献

[1] ［美］梅瑞迪斯·高尔，乔伊斯·高尔，沃尔特·博格. 教育研究方法 ［M］. 徐文彬，侯定凯，范皑皑，等，译. 北京：北京

大学出版社, 2016.

[2] CORNELIA F, THOMAS S . The representation of motor (inter) action, states of action, and learning: three perspectives on motor learning by way of imagery and execution [J] . Frontiers in psychology, 2017, 8: 678.

[3] SHERIN M, JACOBS V, PHILIPP R. Situation awareness in teaching: what educators can learn from video – based research in other fields [M] // SHERIN M, JACOBS V, PHILIPP R. Mathematics teacher noticing: seeing through teachers' Eyes. New York: Routledge, 2011: 15 – 18.

[4] GOODWIN C . Professional vision [J] . American anthropologist, 1994, 96 (3): 606 – 633.

[5] MASON J. Researching your own practice: The discipline of noticing [M] . New York: Routledge falmer, 2002.

[6] MASON J. Being mathematical with and in front of learners: attention, awareness, and attitude [M] //JAWORSKI B, WOOD T. Problems and methods in longitudinal research. Rotterdam, The Netherlands: Sense, 2008: 31 – 56

[7] SHERIN M G, VAN ES E A. Effects of video club participation on teachers' professional vision [J] . Journal of teacher education, 2009, 60 (1): 20 – 37.

[8] ES E , SHERIN M G . Mathematics teachers' "learning to no-

tice" in the context of a video club [J] . Teaching & Teacher education, 2008, 24 (2): 244 –276.

[9] JACOBS V R, LAMB L C, PHILIPP R A, et al. Deciding how to respond on the basis of children's understandings [M] //SHERIN M G, et al. Mathematics teacher noticing. New York: Routledge, 2011: 97 –116.

[10] MASON L , ARIASI N , BOLDRIN A . Epistemic beliefs in action: Spontaneous reflections about knowledge and knowing during on-line information searching and their influence on learning [J] . Learning and instruction, 2011, 21 (1): 137 –151.

[11] MASON J , BURTON L , STACEY K . Thinking mathematically [M] . London: Pearson prentice hall, 2010.

[12] WILLIAMS H. Tuning – in to Young Children: an exploration of contexts for learning mathematics [D] . Milton Keynes: Open univer-sity, 1989.

[13] SCHON D A. The reflective practitioner: How professionals think in action [M] . Aldershot Hants: Basic Books, 1983.

[14] Schoenfeld A H . How we think. A theory of goal – oriented decision making and its educational applications [M] . Florence, KY : Routledge, Taylor & Francis Group, 2010.

[15] DAMASIO A. Descartes' error: emotion, reason, and the hu-man brain [M] . New York: Penguin, 1994.

[16] DAMASIO A. The feeling of what happens [M]. New York: Harcourt, 1999.

[17] LEHRER J. How we decide [M]. New York: Houghton Mifflin, 2009.

[18] SCHOENFELD A H. A highly interactive discourse structure [J]. Advances in research on teaching, 2002, 9 (2): 131 – 169.

[19] SCHOENFELD A H. Mathematical problem solving [M]. Orlando, FL: Academic press, 1985.

[20] SCHOENFELD A H. Explorations of students' mathematical beliefs and behavior [J]. Journal for research in mathematics education, 1989, 20 (4): 338 – 355.

[21] BALL D L, LEWIS J, THAMES M H. Making mathematics work in school [M] // SCHOENFELD A H. A study of teaching: multiple lenses, multiple views. Reston, Va: National council of teachers of mathematics, 2008: 13 – 44.

[22] MASON J. Researching from the inside in mathematics education: Locating an I – you relationship [M] //PONTE J P, MATOS J F. Proceedings of the 18th meeting of the international group for the psychology of mathematics education. Lisbon: University of Lisbon, 1994 (1): 176 – 191.

[23] YANG Y, RICKS T E. How crucial incidents analysis support Chinese lesson study [J]. International journal for lesson and learning

Studies，2012：1（1）：41 –48.

[24] 杨玉东. 教研，要抓住教学中的关键事件 ［J］. 教育研究与评论（中学教育教学版），2009（10）：79 –80.

[25] 杨豫晖，宋乃庆. 教师教学决策的主要问题及其思考 ［J］. 教育研究，2010（9）：85 –89.

[26] JARMILA N. Problem solving through heuristic strategies as a way to make all pupils engaged ［C］//KAUR B，HO W K，TOH T L，et al. Proceedings of 41stconference of the international group for the psychology of mathematics education. Singapore. 2017：29 –44.

[27] ［美］杜威. 我们怎样思维 ［M］. 伍中友，译. 北京：外语教学与研究出版社，2015：12.

[28] ZEICHNER K M. Research on teacher thinking and different views of reflective practice in teaching and teacher education ［M］// CARLGREN I，HENDA1 G，VAGE S. Teachers' minds and actions：research on teachers' thinking and practice. London：The Falmer Press，1994.

[29] CHAPMAN O. Mathematics teachers' perspective of turning points in their teaching ［C］//KAUR B，HO W K，TOH T L，et al. Proceedings of 41st conference of the international group for the psychology of mathematics education. Singapore，2017（1）：45 –60.

第七章

D – B – STEM 课堂和学生认知弹性生成：
教学再定位的注意

适切性专业知识的概念（Hatano & Znagaki，1986）[1]为成功的学习提供了一个重要模式。也就是说，对教育工作者来说，重要的问题是在帮助人们对新情境保持弹性和适应性方面，需要看知识组织方式是不是最佳。

——Bransford 等（2003）[2]

一、研究背景

基于学科的教育研究（Discipline – Based Education Research，DBER）是指运用学科的一系列方法和学科深度的优势、世界观和实践，调查学习和教学。它会使用和添加更多有关人类学习和认知的知识（Singer，2012[3]；Singer 和 Smith，2013）[4]指出，每个学科都有学科内容体系，学科文化构建了学科成员如何思考和接近他们的工作，每个基于学科的教育研究领域都包含这样的基于学科的观点，有着来自教育研究理论上的框架——运作和研究方法（Lohmann & Froyd，2010）[5]。

教师专业拥有策略型注意、理解方式，并推动了有效注意，注意本质上是从不同视角观察课堂（Cornella & homas，2017[6]；Sherin et al，2011[7]）。大多数研究者都基于 Goodwin's（1994）[8]的关于注意是专业视角（Professional Vision）的说法，以及 Mason's（2002）[9]的注意的法则。Mason（2008）[10]指出，注意包括五个方面：关注总体、审查细节、认识关系、抓住性质、根据已有性质作推理。另外，研究者区分了构成理解的不同成分，有的研究者专门聚焦教师对事件的解读，有些研究者聚焦关于如何反馈的教师决策。Sherin & van Es（2009）[11]以及 Van Es & Sherin（2008）[12]的关于教师注意的前期工作认为教师注意是对特别有价值事件（Note – Worthy Events）的选择和注意。Jacobs 等人（2010）[13]认为对学生的数学思维的专业注意包括三个技能：①关注学生策略的细节；②解释学生策略中所表现的理解；③决定怎样根据学生的理解来反馈。研究者的关于数学教师注意的其他差异聚焦是否关注于记录教师所发现的有价值的方面，以及记录教师是否注意研究者所认同的重要的教学特殊方面。

Anderson，Casey，Thompson（2008）[14]以及 Kozhevnikov 等人（2005）[15]区分了两种不同的认知形式：空间智能想象方式和物体想象方式，指出空间智能想象方式与数学成效相关。自我规范学习者"认为文化学习是积极行为，需要自我措施的激励、行为过程和元认知"（Zimmerman，1998）[16]，Zimmerman（1998）从社会认知视角提出了自我规范的上述三个阶段。LeFevre，DeStefano，Coleman 等人（2005）[17][18]指出，尽管学生认知弹性与理解数学抽象概念相关，但少有研究证实，认知弹性是否能支持儿童有效跟上教师的数学运用过程。

STEM 教育实践展现了创造力、问题解决、运用工具到新情境中、团队合作沟通发展。基于设计的挑战会成为 STEM 项目的普遍途径，多学科发展经历了单一学科—多重学科—跨学科—学科转移—学科转换的发展过程（Julian W，et al，2016）[19]。Henderson 等人（2017）[20]指出，STEM 一体化关注的是跨学科教学设计和教学实施中学生的活动，关注学生的学科转换思维（Transdisciplinary Thinking）。

教师是教学改变的缔造者（Architect），是源于内在的反思（Schon，1983）[21]、探寻（Dewey，1938）[22]、注意和研究（Mason，1994，2002）[23][9]。Mason（1994，2002）[23][9]讨论了这样的进程：提出教师的基础是自我改变。这个进程是从内部做研究和"注意"，需要教师审视自我工作经历，是内省（Introspective）（切入者见证在行动中把握观察本身）和交互的（interspective）（是指人们分享观察，彼此发生作用，从商讨的主观信息中产生目标）（Mason 2002）[9]。Mason（2008）[10]解释，内在研究的核心是参与实践，从而发展对其他事物的敏锐力，能解释结果。他定义注意是"累积的实践"，既是内在的，也是外在的；既来自实践，也是指明将来的实践（Mason，2002）[9]。它是一个所经历实践的参照，通过邀约从自身实践中检验实践。

Schon（1983）[21]建议，教师要协调自己的变化，帮助他们提升

"事件"（Stance），注意他们自己的实践、分析、调节，挑战他们的设想，自我支持式（Self – Sustaining）地反省他们的理论和实践。学会从一个问题推演到下一个问题，学会评判、理解和在实践中学习，这是一个个性化过程，会导致某些情境视角的改变，或者创建新的学习。这始于个体经历，对实践的运用，导致教学提升（Mason，2008）[10]。他把注意定义为不仅为了生存，也因此从实践和将来的实践中学习（Mason，2002）[9]。注意发生于内外的刺激和激发（Mason，2008）[10]。

综上所述，教师在内外的刺激和激发中注意，在注意中做教学转变，教师教学转变是内省与外在干预结合的产物，因而是复杂的、多样化的、个性化的；在 DBER 定义基础上，本研究着眼于学科（数学）体系和学科（数学）基本观点和目标，凭借学科（数学）深度的优势、世界观和实践，拟选取丰富的 STEM 一体化教学理念和教学思路做教学设计和实施的一揽子教学作为研究对象，以期促进职前教师的教学专业成长。本研究旨在帮助职前教师注意 D – B – STEM 教学过程以及学生认知弹性生成，聚焦如何构建学生认知弹性生成的脚手架这一视角，借助职前教师教学转变工作坊的实践模式，推动职前教师做教学设计再定位。

为此，本研究主要聚焦以下问题：①职前教师如何注意执教教师的 D – B – STEM 教学过程和学生认知弹性生成的内在关系？②从各个职前教师的视角看，经验教师如何构建学生认知弹性生成的脚手架？③职前教师如何产生激活点，进而获得教学再定位？

二、理论背景和研究框架

（一）D – B – STEM 教学设计的构成成分

研究者（Kilpatric J, et al, 2001）参考关于教学专长目标的定义、成分，和 STEM 一体化的两方面：内容和结构的一体化，制定了 D – B – STEM 设计组成成分。（见图 7 – 1）

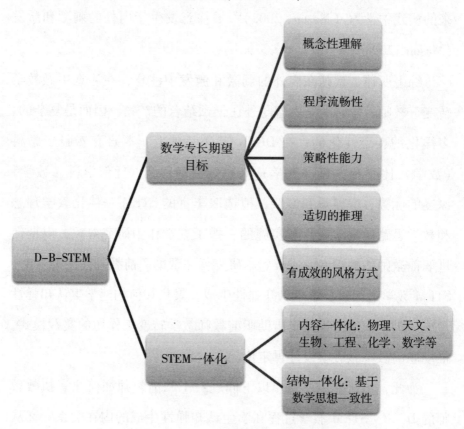

图 7 – 1   D – B – STEM 教学设计的构成成分

注：概念性理解是指对数学概念、操作和关系的理解；程序流畅性是指实施过程中的技能，包括灵活性、准确性、有效性和完备性；策略性能力是指规划、表征和解决数学问题的能力；适切的推理是指逻辑思考、反省、解释和判断的能力；有成效的风格方式是指将数学看作敏锐的、有用和有价值的习惯性倾向，并具有知识上和自我效能上的信念。

（二）学生认知弹性生成

认知方式界定为个体在感知、思考、获取信息中的喜好方式（Hadfield & Maddux，1988）[24]。专家搭建脚手架以促进理解和自主行为来构建学徒的能力（Turner et al，1998）[25]。Turner，J，Meyer，D，Cox，K，Logan，C DiCinto，M & Thomas，C（1998）[26]提出，联系学生实际文化经历的现实问题，会成为学生积极参与的良好动因。D－B－STEM教学设计旨在构建 STEM 教学情境，在教学中搭建认知弹性脚手架，包括放低抽象、经验关联、概念关联等情境设置导向，以及多角度思考、反向思考和假设思考的多元认知参与（Keating，2004[27]；Kuhn，2009[28]），促进学生在师生互动的社会化活动中的认知弹性生成和发展。（见图 7－2）

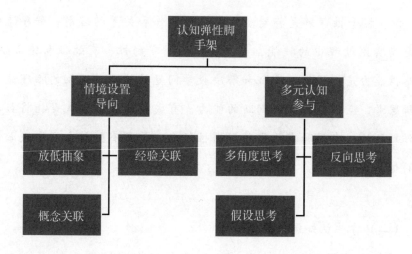

图 7-2 D-B-STEM 教学设计构建学生认知弹性生成的脚手架的构成要素

（三）教学动态系统理论（Dynamic Systems Theory）：稳定性和变化性的分析方式

Lewis 等人（1999）[29]提出的动态系统原则是稳定性和变化性的模式，它试图解释变化的、开放的系统的性质，甚至解释个体交互行为模式的稳定性和非稳定性，诸如课堂设计的师生交流（Vauras, Kinnunen, Kajamies, Lehtinen, 2013）[30]。动态系统采用多种规则描述系统内所发生行为的性质和过程。系统内呈现的所有状态称作状态空间（The State Space）。本研究采用场空间坐标格（State Space Grid）方法（Lewis, Lamey, Douglas, 1999）[29]审查老师和学生互动交流的这种系统稳定性和变化性的交流细节，揭示 D-B-STEM 教学实施过程中生成（Yield）的学生认知弹性脚手架，促进学生认知弹性发展。

综上所述，研究者提出本文的职前教师教学转变实践模式如图 7 - 3 所示：

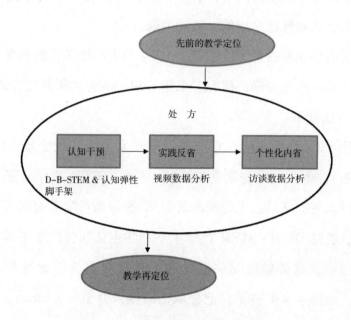

图 7 - 3 职前教师教学转变实践模式

注：D - B - STEM 是指基于图 7 - 1 所示的 STEM 教学设计构成成分，认知弹性脚手架是指图 7 - 2 所示的认知弹性脚手架构成要素。

三、实证研究

样本选取：6 名职前教师和 4 名经验教师（吉老师）组成教学研究工作坊。历时 12 个月，每周活动 1 次。6 名职前教师都有教师资格证，处于预备工作的状态。4 名经验老师都是拥有教育硕士学位、8 年以上教学经验的资深经验教师。其中吉老师所在的学校是一所重点小学，授课年级是五年级。

（一）实证研究一

实证研究一的主要内容：引导职前教师注意 D – B – STEM 教学实施与学生认知弹性生成的一致性关联。

为了引导职前教师深度注意 D – B – STEM 教学实施和学生认知弹性生成的一致性关联，研究者采用 Gridware 方法研究二者的关系。

1. 方法介绍

采用 SSGs 分析方法，它能表征同步发生的二维变量（Lewis et al.，1999）。本文二维变量是指教师 D – B – STEM 教学水平和学生认知弹性水平。从动态系统视角看，用 SSGs 衡量随着时间推移和教学干预，教师 D – B – STEM 教学水平和学生认知弹性水平的稳定性和变化过程。具体做法是将教师和学生变量作为二元变量表示在 SSG 中，画出 4 × 4 格子，记分取值范围从 0 到 4（Lamey，Hollenstein，Lewis，et al，2004）[31]。格子中的每个散点表示了教师的 D – B – STEM 教学水平观测值（Y 轴）和同步时学生在每个活动设置中的认知弹性观测值（X 轴）。状态（State）是指师生交流的片段，持续 1 ~ 4 分钟，一堂课有 15 ~ 25 个状态散点，空散点表示教师的开始点。在每个状态中分别对教师的 D – B – STEM 教学设计水平和相应的学生认知弹性水平赋值：具备图 7 – 2 某个成分记作 1，不具备记作 0，然后把所有得分作和，就是该状态下的 D – B – STEM 教学设计得分；学生认知弹性水平赋值方法亦然。研究者分别作出 4 组经验老师和职前教师的 SSGs 对照图。（见图 7 – 4 – 图 7 – 5）

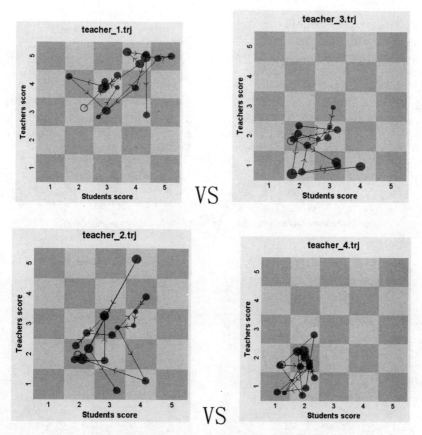

（teacher_1 为经验教师 Ji，teacher_3 为入职教师 Lv，

teacher_2 为经验教师 Yu，teacher_4 为入职教师 Xu）

图 7-4 两组经验教师和职前教师的 SSGs 对照

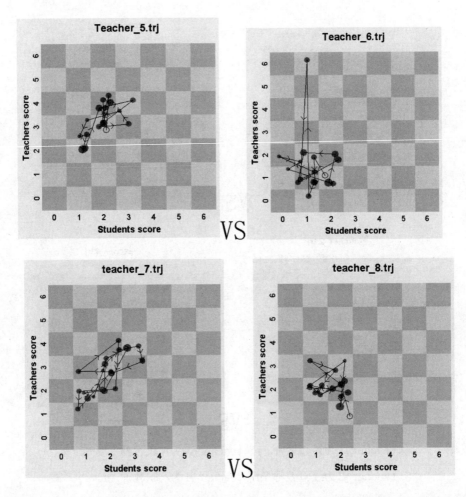

（teacher_5为经验教师 Fang，teacher_6为入职教师 Huang，

teacher_7为经验教师 Wang，teacher_8为入职教师 Zhang）

图 7 - 5 两组经验教师和职前教师的 SSGs 对照

2. 研究结果

首先，教师与学生的相互作用关系不是线性发展的，而是在某个范围内呈螺旋往复状态。从图 7 - 8 和图 7 - 9 可以看出，经验老师课堂的 SSGs 变化范围主要在 Q1 ~ Q2。象限 1 （Q1）代表 SSGs 区域中教师和学生的得分都高，称作高匹配（High Match）状态，象限 2 （Q2）代表 SSGs 区域中教师得分高，学生得分低，称作教师拉升学生（T Pulls S）状态。而职前教师的 SSGs 主要集中在 Q3，说明教师的 D - B - STEM 水平越高，学生的认知弹性水平越高，显示了教师的 D - B - STEM 水平和学生认知弹性生成的正相关变化关系。

在职前教师组教学大多分布于 Q3，这标志着教师支持和学生认知弹性水平之间的"低匹配"，职前教师的教学实施较难构建认知弹性脚手架，教学难以促进学生的认知弹性生成。从图 7 - 8 可以发现，职前教师有极少数状态点位于 Q2，仅仅偶然的教师课堂行为不足以改变课堂的低匹配状态。也就是说，职前教师需要做系统化教学设计转变，才能扭转学生认知弹性生成现状。

教师教学分布于 Q2，意味着教师 D - B - STEM 教学水平高，学生交流参与度低。教师尽管做了很好的教学预备，教学实施却无法让学生获得相应水平的认知发展，这个状态可以描述为师生间"糟糕的争执"（Destructive Friction）。教师无法提供有效的促进学生认知弹性生成的脚手架，师生交流处于实际的胶着状态。

教学分布于 Q4，意味着教师 D - B - STEM 教学水平低，然而学生认知弹性水平较高，称作学生拉升教师（S Pulls T）状态。这种逆袭很值得笔者研究。如图 7 - 8 中职前教师 SSGs 所示，有极少数状态点是这种情况。说明学生认知会出现瞬时自发波动发展，由于教师较少提供认知推动，这有可能是学生之间同伴互助的结果。

3. 小结

职前教师体会到经验教师 D - B - STEM 教学对学生认知弹性生成的总体上的正向作用。倘若教师教学对学生认知的零作用下，教师该如何及时改进教学，转换关系。职前教师能通过 SSGs 分析方法，及时获取教学和学生认知的动态关系，调整教学。

(二) 实证研究二

实证研究二的主要内容：职前教师对经验教师吉的 D - B - STEM 教学设计和学生的认知弹性生成的场景注意的分析。

经验教师吉讲授的课题是"芭比蹦极的方程问题"，探讨随着芭比脚上所绑的橡皮筋个数增加，芭比蹦极距离的变化规律，找出芭比蹦极距离和橡皮筋个数之间的数学关系。授课对象是小学五年级的 30 名学生。

1. 经验教师吉的 D - B - STEM 教学设计系统化分析

首先，研究者剖析了吉老师的 D - B - STEM 教学流程的数学专业目标指向，她的教学设计囊括大部分 D - B - STEM 教学专业目标成分，具备丰富的内涵：始于程序的流畅性，经适切的推理、策略性能力，最终指向数学概念性理解目标。(见图 7 - 6)

图 7 - 6　吉老师的 D - B - STEM 教学流程和主要实现的数学专业目标

另外，教学设计的 D - B - STEM 一体化亦体现充分。（见图 7 - 7）

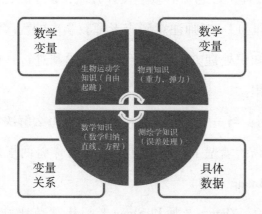

图 7 - 7　吉老师 D - B - STEM 一体化示意图

从图 7 - 7 可以看出，教学设计综合运用了生物运动学、物理学、测绘学、数学归纳、直线、方程等 STEM 知识，实现了 STEM 知识一体化；同时，这些知识并不是散漫无章的，而是从观察数学变量，搜集具体数据，到寻求变量关系联结成系统，每一类 STEM 知识扎根于相应的数学概念、方法或原则，统一于学科（数学）思维体系内。教学设计基于数学学科的数字化优势，具备鲜明的学科特点，绝不是粗暴简单的"大杂烩"式的 STEM 一体化，扎实地促进了学生的学科（数学）理解和认知弹性发展。

2. 职前教师对吉老师 D – B – STEM 教学实施和学生认知弹性生成的注意

笔者的工作坊研究帮助 6 位职前教师放大课堂、着眼细节、专业注意，从 D – B – STEM 教学设计、学生认知弹性脚手架的生成这两方面谈对吉老师教学的注意。

6 位职前教师从吉老师的教学设计方面，谈了自己的关注点。

Huang 老师和 Lv 老师注意到吉老师教学中的程序流畅性，认为课堂中程序性知识处理方式有利于课堂的顺利进行，也能降低概念性理解知识负担。

"吉老师问：当一个尺子不够用的时候该怎么解决？有的同学将尺子固定在高高的墙壁上，有的同学通过合作将两根尺子并在一起测量……"（Huang 老师）

Huang 老师、Zhang 老师和 Shan 老师从"芭比娃娃蹦极距离"的概念理解的视角注意教学设计，这个概念从理解关系到后继的测量、数据作图、数学猜想等一系列课堂活动，说明他们注意课堂关键事件的推手和转折点。

"关于蹦极距离，有学生认为应该是从起点到脚的那段距离，也有同学认为应该是从起点到蹦极者头部的距离。当出现认知差异时，教师让学生互相解释，试图让学生理解蹦极距离，并且教师通过解释'如果只算绳子的话那么蹦极者的身高不也是一段长度吗？'来帮助学生统一认知方式的差异，教师并没有直接告诉学生究竟蹦极距离是哪段，而是照顾到学生的认知弹性，根据学生的回答教师及时调整概念的讲解，从而促进他们向更深处发展。"（Shan 老师）

Lv 老师从策略性能力视角注意吉老师的教学设计，强调教师在教学中的选择性互动。

"吉老师在和学生互动时，关注小组不同活动。如有一组同学考虑了没有橡皮筋时，应该取芭比娃娃身长；还有一组同学对于数据进行了处理，取了平均数；另一组同学对于超过 1 米的长度，使用了备用刻度尺，并且采取钉住备用刻度尺的方式，以减少误差……虽然是在同一个活动，采用同样的道具，但是各组学生关注的重点、采取的方式并不完全相同，老师在教学设计时候考虑到了这点，因此有意挑选这些组的结果分析。"（Lv 老师）

You 老师和 Huang 老师从适切的推理视角注意到吉老师的教学设计，注意到推理发展过程。

"这节课是让五年级的学生会写一次函数的表达式，学生之前完全没有函数概念，因此难度较大。在学生理解概念之后自己进行实验，让学生亲身经历实验的过程，感受芭比的蹦极过程以及在每次改变橡皮筋的根数时芭比下降高度都不同，从而来引导学生找到芭比的下降高度和橡皮筋根数之间的关系。当橡皮筋根数为 0 时的芭比身高在下降过程中有什么用？引发学生的反思和思考，如果学生能够想到每次下降时的芭比娃娃身高都不变，由此找到规律则可以抽象出这个函数模型。"（You 老师）

Xu 老师注意到吉老师有序设计的教学风格。她将课堂总结为

"三块"，注意到课堂结构。

"吉老师教学分块为三部分：①测量并填表；②画折线图并探究关系式；③实际动手去验证，并且组织同学们灵活运用之前所学的知识以小组合作的形式去完成。最后大部分小组都能得出关系式（虽然有些小组忘记加芭比本身的长度），但是已经能意识到某些数学（函数）思想了。"（Xu 老师）

Xu 老师评述了 STEM 一体化的运用，注意到一体化对教师知识的诉求。

"至于 STEM 一体化，对教师的要求确实很高，不仅需要教师对物理、天文、生物、工程等知识都熟悉，还需要教师用 STEM 一体化的思想融入课堂中。吉老师将同学们喜欢的玩具和游戏——芭比娃娃和蹦极活动结合起来，创设芭比娃娃蹦极的情境（在这部分有学生联想到物理方面的重力知识），激发学生的学习兴趣。"（Xu 老师）

另外，6 位职前教师从不同视角探讨了对学生认知弹性生成的注意。

表 7-1　六位职前教师所注意的建构学生认知弹性生成的脚手架

职前教师	注意视角	学生认知弹性生成脚手架	
You 老师	学生思维	放低抽象	多角度思考
Shan 老师	情境发生	经验关联	反向思考

续表

职前教师	注意视角	学生认知弹性生成脚手架	
Huang 老师	情境发生	经验关联	反向思考
Xu 老师	情境发生	经验关联	假设思考
Lv 老师	学生思维	经验关联	多角度思考
Zhang 老师	学生思维	经验关联	多角度思考

　　从表 7-1 可以看出，6 位职前教师分别从学生思维视角、情境发生视角注意学生认知弹性生成的脚手架，每个人有各自不同的注意激活点。大部分职前教师（83%）把经验关联置于首位，说明他们比较看重个体经验在学生认知弹性生成中的作用。其中 50% 的职前教师注意了多角度思考，说明他们更多关注学生思维的多样性。这也成为他们教学设计再定位的起点。

　　对于构建学生认知弹性生成的脚手架，每个职前教师都有个性化注意视角：You 老师认为课堂上吉老师更多从思维角度出发，着眼于数学抽象；认为教学着眼于如何帮助学生克服抽象，促进学生认知弹性生成。她认为"从实测到描点画图，这是放低数学抽象，最后找规律，是回到抽象，然后现场实验验证又放低。在这一过程中，学生的认知弹性获得了渐近发展"。

　　因而，她认为吉教师的设计是通过放低数学抽象，有利于给学生认知构建脚手架，使学生获得自我认知。

Shan 老师、Huang 老师、Xu 老师、Lu 老师和 Zhang 老师从发生学习视角，注意到学生认知弹性生成有着鲜明的经验关联特征，经验导向着她们的教学注意。比如，Shan 老师认为：

"经验关联是指当教师指出蹦极距离是从起点到第一次下坠时最低点的距离时，问学生为什么是第一次下坠时的距离，这时学生便通过经验关联认为'绳子在到最低点后会往上弹，下来就没有第一次那么低了'。

"本节课从学生熟悉的蹦极问题入手，然后一步步引导学生去测量、观察、思考，在大脑中形成数学模型，得出表达式。"（Xu 老师）

6 位职前教师都注意学生思考，You 老师、Lv 老师、Zhang 老师注意到多角度思考，Shan 老师、Huang 老师注意到反向思考，Xu 老师注意到假设思考。

比如，Lv 老师认为"吉老师列了四点要求，但并不是课件展示出来就结束，而是一个一个地分析，并且让学生上台示范。她把要求转换成了三个问题：哪两点必须与橡皮筋的末端对齐，拿尺时候需要注意什么，为什么要重复测试？旨在让学生思考原因、发表见解，这时学生对待同一个问题却有不同看问题的视角，因此也有不同的答案。吉老师考虑到了学生的认知弹性，因而未采用直接讲述四点要求的方式，而是把要求转化成问题，听取不同学生的不同见解"。

Huang 老师认为"吉老师没有直接告诉学生蹦极距离，而是启发学生反向思考，对学生的认知弹性生成尤为重要"。Xu 老师注意了教学假设，以及学生学习认知效果。"能意识到某些数学思想"，这是她对教师教学的推断性评价。

3. 小结

职前教师从不同视角注意了吉老师课堂中 D - B - STEM 教学设计，以及吉老师如何构建学生认知弹性生成的脚手架，因而产生相应的教学转变激活点，获得教学设计再定位的认知基础。

四、研究结论

大多数职前教师肯定了工作坊活动能影响他们的教学设计再定位这一事实。首先，6 位职前教师认为借助 SSGs 分析方法能直观反映教学实施和学生认知弹性生成的关系，特别是 D - B - STEM 教学实施零作用于学生认知弹性生成时，能及时提醒教师做教学改进和提升。其次，在 STEM 一体化方面，大多数教师认为难以从内容上驾驭 STEM 一体化，但认为能做到 STEM 结构一体化。职前教师更多从经验关联、程序流畅等方面注意教学设计，对 D - B - STEM 教学设计价值有了自己独特的认可、预估和诠释。最后，在构建学生认知弹性生成脚手架方面，职前教师大多倾向于鼓励学生清楚表达自己的看法、分析学生的错误、帮助降低数学抽象和做多角度思考。路径不但包括有趣的实验或者案例、同学们熟知的游戏，还包括物理、天文、生物等知识探究实验，从而获得教学再定位。

职前教师的教学再定位绝不是空穴来风，亦不可以生搬硬套地"移植"。他们需要在实践中实实在在地观察、分析、体验，获得

"震撼"而反省，最后内省才能获得再定位。只有经过上述内化过程，才能卓有成效地构建学生认知弹性生成的脚手架，不至于遭受学生排斥，避免教学的零作用，职前教师才会有教学转变和专业发展的愿景。工作坊采取措施促使职前教师深度认知经验教师的 D－B－STEM 教学设计和学生认知弹性生成的动态化，在教学中精细化设计和实施，促进学生认知弹性情境化、多元化，学会搭建认知弹性生成的脚手架，促发职前教师做实践反省和内省，获得可能的教学再定位。总之，工作坊研究在教学 D－B－STEM 设计、学生认知弹性生成、二者的动态场变化特点以及如何搭建学生认知弹性生成脚手架等方面做了有意义的尝试，促使职前教师的教学设计在外部干预和内部反省的作用下获得再定位。

参考文献

［1］HATANO G，INAGAKI K．Two courses of expertise［J］．Child development & education in Japan, 1986（6）：262－272.

［2］［美］约翰·D. 布兰思福特，安·L. 布朗，罗德尼·R. 科金，等. 人是如何学习的——大脑、心理、经验及学校［M］．扩展版. 程可拉，孙亚玲，王旭卿，译. 上海：华东师范大学出版社，2013.

［3］SINGER S，NIELSEN N，SCHWEINGRUBER H．Discipline－based education research：understanding and improving learning in undergraduate science and engineering［M］．Washington, DC：National academies press, 2012.

[4] SINGER S , NIELSEN N , SCHWEINGRUBER H . Discipline – Based Education Research: Understanding and Improving Learning in Undergraduate Science and Engineering [M] . Washington, DC: National Academies Press, 2012.

[5] LOHMANN J, FROYD J. Chronological and ontological development of engineering education as a field of scientific inquiry [J] . The second committee meeting on the status, contributions, and future directions of discipline – based education research, 2010.

[6] CORNELIA F, THOMAS S. The representation of motor (Inter) action, states of action, and learning: three perspectives on motor learning by way of imagery and execution [J] . Frontiers in psychology, 2017 (8): 678.

[7] SHERIN M, JACOBS V, PHILIPP R. Mathematics teacher noticing: seeing through teachers' eyes [M] . London ; New York : Routledge, 2011: 280.

[8] GOODWIN C . Professional vision [J] . American anthropologist, 1994, 96 (3): 606 – 633.

[9] MASON J. Researching your own practice: The discipline of noticing [M] . New York: Routledge falmer, 2002.

[10] MASON J. Being mathematical with and in front of learners: attention, awareness, and attitude [M] //JAWORSKI B, WOOD T. Problems and methods in longitudinal research. Rotterdam, The Nether-

lands：Sense，2008：31 – 56.

[11] SHERIN M G ，VAN ES E V．Effects of video club participation on teachers' professional vision ［J］．Journal of teacher education，2009（60）：20 – 37.

[12] VAN ES E A，SHERIN M G．Mathematics teachers' "learning to notice" in the context of a video club ［J］．Teaching and teacher education，2008（24）：244 – 276.

[13] JACOBS R，LAMB L L C，PHILIPP R A．Noticing of children's mathematical thinking ［J］．Journal for research in mathematics education，2010，41（2）：169 – 202.

[14] ANDERSON K L，CASEY M B，THOMPSON W L，et al. Performance on middle school geometry problems with geometry clues matched to three different cognitive styles ［J］．Mind，Brain，and Education，2008，2（4）：188 – 197.

[15] KOZHEVNIKOV M，KOSSLYN S M，SHEPHARD J．Spatial versus object visualizers：a new characterization of visual cognitive style ［J］．Memory and Cognition，2005（33）：710 – 726.

[16] ZIMMERMAN B J．Academic studying and the development of personal skill：A self – regulatory perspective ［J］．Educational Psychologist，1998（33）：73 – 86.

[17] LeFevre，Jo – Anne，Lisa A. Fast，Sheri – Lynn Skwarchuk，Brenda L. Smith – Chant，Jeffrey Bisanz，Deepthi Kamawar and Marcie Penner – Wilger. Pathways to mathematics：longitudinal predictors of per-

formance［J］. Child development, 2010（17）: 53 –67.

［18］LEFEVRE J A, DESTEFANO D, COLEMAN B, et al. Mathematical cognition and working memory［M］//CAMPBELL J I D. Handbook of mathematical cognition. New York, Hove: Psychology Press, 2005: 361 –378.

［19］WILLIAMS J, ROTH W M, SWANSON D, et al. Interdisciplinary mathematics education, a state of the art［M］Springer international publishing, 2016.

［20］HENDERSON C, et al. Towards the STEM DBER alliance: why we need a discipline – based STEM education research community ［J］. International Journal of STEM education, 2017, 4（1）: 14.

［21］SCHON D. The reflective practitioner［M］. New York: Basic, 1983.

［22］DEWEY J. Logic: A theory of inquiry［M］. Carbondale: Southern Illinois University Press, 1983.

［23］MASON J. Researching from the inside in mathematics education: Locating an I – you relationship［C］//PONTE J P, MATOS J F. Proceedings of the 18th meeting of the international group for the psychology of mathematics education. Lisbon: University of Lisbon, 1994: 176 –191.

［24］HADFIELD O D, MADDUX C D. Cognitive style and mathematics anxiety among high school students［J］. Psychology in the Schools, 1988, 25（1）: 75 –83.

[25] TURNER J, MEYER D, COX K, et al. Creating contexts for involvement in mathematics [J]. Journal of Educational Psychology, 1998 (90): 730 – 745.

[26] Turner, Julianne C., Debra K. Meyer, Kathleen E. Cox, Candice R. Logan, Matt DiCintio and Cynthia T. Thomas. Creating Contexts for Involvement in Mathematics [J]. Journal of Educational Psychology, 1998 (90): 730 – 745.

[27] KEETING D. Cognitive and brain development [M] //LERNER R, STEINBERG L. Handbook of adolescent psychology (2nd ed.). New York: Wiley, 2004: 45 – 84.

[28] KUHN D. Adolesent thinking [M] //LERNER R M, STEINBERG L. Handbook of adolescent psychology (3rd ed.). 2009: 152 – 186.

[29] LEWIS M D, LAMEY A V, DOUGLAS L. A new dynamic system method for the analysis of socio – emotional development [J]. Developmental Science, 1999 (2): 45.

[30] VAURAS M, KINNUNEN R, KAJAMIES A, et al. Interpersonal regulation in instructional interaction: A dynamic systems analysis of scaffolding [M] //VOLET S, VAURAS M. Interpersonal regulation of learning and motivation: Methodological advances. London, UK: Routledge, 2013: 125 – 146.

[31] LAMEY A, HOLLENSTEIN T, LEWIS M D, et al. State space grids – depicting dynamics across development [M]. New York: Springer, 2004.

第五部分 05

AI时代跨学科构造式实践

第八章

美国 STEM 教育中工科主导的设计：学生生成性工科设计素养培养

创客的共同特点：不愿做被动的使用者，乐于做主动的创造者。

——DaleDougherty（创客运动的命名者，《爱上制作》创刊者）[1]

一、研究背景

在学校教育中，设计渐渐被认为不仅是学生学习目标和经历（English，2018[2]；McFadden 和 Roehrig，2019[3]），也是学校教育的总框架（Wright 和 Wrigley，2019）[4]和中学教育中概括和发展 STEM 教育的重要途径（English，2018[2]；Kelley & Knowles[5]，2017）。

工科设计在美国 K－12 科学教育学制体系中作了明确叙述（NRC，2012）[7]，学生的设计能力发展陈述如下：

从某种程度看，学生是天生的工程师。他们自发地建造沙子城堡，玩具房子，仓鼠栅栏，他们也使用各种工具和材料做游戏。因此普通小学活动中对学生构成挑战的是：在课堂上使用工具和提供的材料解决特殊的问题，如用纸和胶带建造桥梁，测试桥梁倒塌的临界点。

Stone－MacDonald，Wendell，Douglas 和 Love（2015）[8]发现，

STEM 暗示 K－12 教育中对工科的认知，工科直接关系到问题解决和发明创造这两个普遍的话题，工科存在于学校中，但工科数量没有与工科职业和社会贡献匹配。如果国家真正对发明创造感兴趣，就应该认识到 STEM 中 T 和 E 的地位（Rodger W. Bybee，2010）[9]。

尽管科学与工科的融合已经受到了相当大的关注（Capobianco，DeLisi 和 Radloff，2017[10]；Chen，Moore 和 Wang，2014[11]；Guzey，Ring－Whalen，Harwell 和 Peralta，2017[12]），下一代科学标准（NGSS，2014）[13]也给予了进一步支持。但是，学生的数学、科学、工科在一个问题活动中呈现时的学科应用仍然没有受到重视。

Do－Yong Park，Mi－Hwa Park 和 Alan B. Bates（2018）[14]指出，提供给学生注重工科的 STEM 学习经验在早期学习生涯中能加强发展后期工科教育的坚实基础。他进一步指出，学生的工科设计素养在问题解决过程中逐步习得而不是一蹴而就，称作生成性工科设计素养。

最初的工科设计教育研究聚焦于课程和教学法，而不关注学生理解和模式应用，以及设计项目所需要的内容知识（Johri & Olds，2011）[15]。研究者发现，儿童能够在日常生活中应用工科设计解决问题（Stone－MacDonald，Wendell，Douglas & Love，2015）[8]。

Razzouk 和 Shute（2012）[16]提出了设计思考特征化：设计思考通常界定为分析和创建的过程，提供机会作实验、创建、初始化模型，搜集反馈和再设计。

工科式问题解决的过程受到重视。"下一代科学标准"（NGSS，

2014)[13]将工科式问题解决的三个步骤作为一个教学包来设计（A-chieve，2013)[17]。步骤一：界定和划分工科问题包，陈述问题以便根据成果、约束或局限的标准，尽可能清晰地解决。步骤二：设计工科问题方案始于产生无数不同解决方案，评价潜在的方案，看哪个最好的方案符合标准和问题限制条件。步骤三：优化方案设计，包括折中过程，最终设计折中非重要特征，保留最重要特点。这个理论意味着提供给儿童更多机会和经验，让他们自发地通过 STEM 活动学习工科设计问题。

Clough 和 Olson（2016)[18]提出将工科、数学、和科学整合到一组问题活动中，旨在让工科设计既能衔接又能架构学生的学科知识和应用。

工科设计实际上融合科学解释知识、科学设问和工程设计所必需的活动知识（如内容知识）（NRC，2012)[7]。这个观点也得到了下一代科学标准（NGSS，2014)[13]的进一步支撑，它强调工科设计实践对 STEM 教育的重大意义（Achieve，2013)[17]。

Kelley 和 Sung（2019)[19]调查了怎样应用工科设计帮助 5 年级学生学习科学。他们发现给学生一个深入 - 数学的设计任务时，参与学生增加了 34% 的计算思考时间量。前 - 后测表明，学生获得了显著的科学内容知识（如在一个多项选择题中界定质量守恒概念）。

Lyn D. English 和 Donna King（2019)[20]调查了怎样设计和建造一个纸质桥梁，使它能在给定限制条件下承重最大。研究结果发现学生获得了计划、设计、反省、建造和再设计能力，学生反省行为帮助他们进一步提升桥梁建造。Guzey 等人（2017）[12]进一步指出，精心建构的 STEM 活动有利于小学生应用数学和科学知识，并借助这些学科知识作工科进程和概念理解。

除了理解概念，设计也能帮助学生学习和发展思考，一体化教育能有利于学生的设计实践（English，2018[2]；Fan & Yu，2017[21]）。比如，Orona 等人（2017）[22]分享了一个关于如何理解测量的标准单位，如何应用于设计导向的问题解决情境活动中的例子，如何理解测量的标准单位，如何应用于以设计为主的问题解决情境活动中。

综上所述，关注学术设计思维的系统化研究和发展，尤其是注重工科的 STEM 教育领域，有助于提供重要基础，发展合理的教育项目和教学法。现有研究表明，这是学术讨论和研究多元、成果丰硕的领域（Kavousi，et al，2019[23]；Strimel，et al.，2019[24]；Wind，et al.，2019[25]）。美国教育工作者探讨工科设计内涵，倡导工科式问题解决，培养学生生成性注重工科设计素养，对我们的中小学 STEM 教育大有裨益。

二、美国 STEM 教育中的 ECD 的可行性实施

1. STEM 教育中的 ECD 的内涵

首先，NRC（2012）[7]将工科设计界定为参与系统化设计实践，找到特殊的人类问题的解决方案；教育者将工科设计看作设计、建造、检验和提升物体形状或结构。更普遍的是，NGSS 界定工科设计

为①界定和限定工科问题；②设计解决问题方案；③最优化工科设计实况（Achieve，2013）[17]。

其次，工科设计包含概念性知识理解，设计活动结构化。Streveler，Litzinger，Miller和Steif（2008）[26]认为，学习工科学科中概括性知识是发展工科素养和专业的重要因素。这意味着，科学观念性知识与工科设计息息相关（Do－Yong Park，Mi－Hwa Park & Alan B. Bates，2018）[14]。

最后，工科设计实际上融合科学解释知识、科学设问和必不可少的活动知识（如内容知识）（NRC，2012）[7]。工科设计的作用是"跨学科黏合（interdisciplinary glue）"（Moore & Smith，2014[27]；Tank，Moore，Dorie，Gajdzik，Sanger，Rynearson & Mann，2018[28]）。

综上所述，学生生成性设计素养包括三个特征：系统经验化思维设计、解释性科学行为、概括性知识获得。并且，ECD是在工科式问题解决过程中逐步获得，不是一蹴而就的，因此称作生成性设计素养（emergent engineering capabilities）。

2. 基于案例的美国STEM教育中的ECD实施方略

如何实施ECD，促进学生的生成性设计素养？美国很多研究者作了积极有意义的探索。研究者主要对Do－Yong Park，Mi－Hwa Park和Alan B. Bates（2018）[14]的案例实施过程作详细解读。

（1）设计基于数学概念性知识的ECD挑战性问题

Do－Yong Park，Mi－Hwa Park和Alan B. Bates（2018）[14]首先提出挑战性问题——用橡皮泥造船理解体积概念。

议题：构建以游戏为主的手工 STEM 活动——建造橡皮泥船，使船只装载最多硬币而不沉没。

目的：让儿童理解和应用体积概念。

关注 STEM 活动两方面：工科设计实践和体积的概念。工科设计实践包括最优化要求，需要考虑橡皮张力（洞或缺口），船体外形；体积概念需要考虑大小如何改变。

研究者还罗列出问题可能用到的 STEM 知识（表 8 – 1）。

表 8 –1　船只设计可能用到的跨学科知识

科学	工科设计	数学
发展关于张力、拉伸力的理解，包括载重	参与工科设计过程	应用估计和测量工具
寻找不同类型船只的载重	发展、沟通和记录设计观点和过程	应用空间推理来认知和作用于 2 – D 和 3 – D 形状
理解船只怎样装载硬币	再认知不同船只类型、支撑结构以及这些结构怎样提高载重	通过 2 – D 和 3 – D 表征来设计细节
理解材料和性能		运用计算技能理解框架基本概念

由此可见，挑战性问题蕴含知识多元化，包含丰富具体学科知识（如橡皮张力、船体外形、体积），也包含学生手工活动（如用橡皮泥造船），尤其重要的是，蕴含着深层次的概念理解目标——数

学体积概念。这与McKenna（2014）[29]所推崇的双关方法异曲同工：因为它既提供需要的任务结构，又提出将核心学科内容问题化的要求。

工科设计问题预留了学生发挥空间。这里教师给予他们进行工科设计的必要信息（橡皮泥造船、装载硬币），但预留空间（使船装载尽可能多的硬币而不至于沉没），使学生有机会深入理解概念性理解目标（数学体积）（Do – Yong Park，Mi – Hwa Park & Alan B. Bates，2018）[14]。

（2）在工科式问题解决中发展学生的生成性设计素养

Do – Yong Park，Mi – Hwa Park和Alan B. Bates（2018）[14]的研究对象是三个一年级学生：Nathan、Olivia和James。研究者通过对他们作即时情境设问（immediate context inquiry）（Patton，2015）[30]搜集数据，并分析数据。

第一，在工科式问题解决中关注学生的系统经验化思维设计。

Do – Yong Park，Mi – Hwa Park和Alan B. Bates（2018）[14]的研究提出，要注重理解儿童如何用他们经验提出独特的设计想法。学生怎样表征体积的理解与他们对体积的结构化方式（Lehrer，Strom & Confrey，2002）[31]有关。体积源于他们自己对初始体积概念的想法，儿童通过提炼他们的想法，寻求问题的合理答案，不断改变他们的船只设计（NRC，2012）[7]。所有学生都倾向于逐步提升他们的工科设计，而不是一蹴而就。工科设计实际上是科学解读知识（如内容知识）的融合，因此需要学生实践参与到科学设问和工科设计中

（NRC，2012）[7]。

　　儿童一贯之地应用他们最初所依据的想法。从三个例子中可以看出，为了装载最多的硬币，Nathan 保留了最初的"船要更长"的想法；而 Olivia 整节课都在应用"圆形"想法，做成圆形船；James"增大围墙"，做成长方形船。儿童倾向于回归他们自己原始经验的想法。比如，James 有 50 多次划船经验，而 Nathan、Olivia 几乎没有。James 由于经验丰富，在 STEM 活动中表达了更多关于造船的想法。

　　第二，在工科式问题解决中关注学生解释性科学行为。

　　Do‒Yong Park，Mi‒Hwa Park 和 Alan B. Bates（2018）[14]指出，首先，教师通过即时情境设问了解 Nathan、Olivia 和 James 关于船只的初始认知和可能用到的知识（如 Nathan 的"船要更长"想法，Olivia 的"圆形"想法，James 的"包围"想法）。然后，教师在实践中不断激发学生解释自己所用知识，推动实践纵深发展。教师还给他们 20 分钟试‒误（trail‒error）时间，让他们各自造了多只船，尝试不同形状和结构，寻求最优化设计。最后，教师还让他们各自修改和检验他们的造船设计，提出"如何装更多硬币而不至于沉船"的问题，Nathan，Olivia 和 James 给予迥异的解释：Nathan 试图让"船的底部更长更平"；Olivia 的"圆形"想法导致她想要"更大的侧面"，"墙更高，底部更小"；James 想要"更大的围墙"，"更多更瘦的墙面"。

　　Cunningham 等人（2016）[32]认为工科设计提供了交错机会让学

生解释他们的想法和行为，实施他们的学习，验证，再反省，最后发展"深入和持续的理解"。在提出这个议题时，研究者旨在关注学生计划、设计、反省、建构和再设计中的能力（Lyn D. English & Donna King ，2019）[20]。

第三，在工科式问题解决中关注学生概括性知识获得。

Do – Yong Park，Mi – Hwa Park 和 Alan B. Bates（2018）的案例研究中[14]，Nathan、Olivia 对体积的理解是"填充（filling）"，因为 Nathan 试图让"船的底部更长更平"，Olivia 始终保持"圆形"想法；James 想要"更大的围墙"来增加体积，说明他对体积概念的最初想法是"包围（packing）"，他所说的"长方形底部"，"更多更瘦的墙面"实际是长方体体积中的长、宽、高。在这些 STEM 活动中，他们的体积经验和知识获得了发展和提升。可以看出，教师处心积虑地试图通过工科设计——用橡皮泥造船发展学生的数学体积概念。

Streveler，Litzinger，Miller 和 Steif（2008）亦认为[26]，Blearning 的工科科学中的观念性知识是工科能力和专业发展的重要因素。这表明，科学概念影响知识是在工科设计中交错作用的。

总之，当教师提供给学生学校经验，工科设计教学应该作比较审慎的设计，使得学生获得更深刻的有关工科学习情境下的内在科学概念的理解。

（3）科学评价 STEM 教育活动中的 ECD

关于评价，需要教师特别针对案例中学生的行为，用描绘性语言给出每个层面的特征，（每个特征是可接受的、专业化的），以此为依据给学生打分。比如，在 Do – Yong Park，Mi – Hwa Park 和 Alan B. Bates（2018）的案例研究中[14]，教师用 5 分制对学生的评价打分（如 1 分表示非常不同意，5 分表示非常同意）。这些层次与其他合作问题解决框架（CPS frameworks）相比，是专门针对 STEM 活动中的特定行为。

教师针对每个活动设定专门化的工科设计评价标准，并且遵循大致相同的评价准则。测量教学的工具比比皆是，如应用自我报告法（如教学后实践调查）（Postsecondary Instructional Practices Survey，Walter，et al.，2016）[33]，观察包（改进的教学观察包）（Reformed Teaching Observation Protocol）（Piburn，2000）[34]，本科生 STEM 课堂观察包（Smith，et al.，2013）[35]。特别值得一提的是，Karen Viskupic，Susan E. Shadle 和 Doug Bullock 等人（2017）[36] 提出的联合测度的指标（rubric），因为研究者和教育者想用它评价学生从事 K – 12 STEAM 活动时合作达到的个体水平。他们提供了指标原理（rationale）、过程、效度（validation）、最初聚合（iterations），以及后继步骤，告知 STEM 研究者，推动 STEAM 教学和学习向前发展。具体指标包括五个层面：①同伴互助，包括与同伴梳理任务/项目、小组讨论作用、分配和完善任务、检验关于过程和内容的理解、提供同伴反馈、帮助和再定位；②积极沟通，包括尊重他人想法、运用社会的丰富语言和行为、倾听和依序而行；③设问丰富和多元途径，包括发展适切的针对问题解决的设问、证实信息和资源，支撑设问；④可信的方法和任务，包括分享链接相应知识、讨论相应方法或资料来解决所提出问题、合作使用工具接近任务；⑤跨学科思考，包括讨论如何应用多个学科接近任务，行为，或设问、通过多学科协同合作创建成果。

总之，在 Do‐Yong Park，Mi‐Hwa Park 和 Alan B. Bates (2018)[14]的案例中，学生可以通过工科设计实践逐步理解数学体积概念。Nathan、Olivia 和 James 分别在三个不同的合作小组中，小组学生积极沟通，同伴互助（如在 20 分钟试‐误，寻求最优设计中的互助），进行了丰富和多元途径地设问（如如何增加船的体积？），蕴含着跨学科思考，比较切合评价的联合测度指标。

三、研究结论

在当今大数据 AI 时代，"万物数据化"的发展趋势使得工科设计素养已经不再是某些专业人士的专属能力，而是越来越成了普适化要求。那么，在中小学阶段如何培养学生的生成性设计素养，是摆在教育者面前的全新课题。如果 STEM 教育仍然停留在外在实验器材的堆砌（如 STEM 实验室），或者停留在课外科普竞赛（如航模比赛）的阶段，我们的中学生就失去了生成性设计素养培养的绝好机会，势必导致学生缺少日新月异的大数据 AI 时代所必需的竞争力。本研究深入探讨了美国 STEM 教育中的 ECD 的内涵，通过生动可行的美国案例阐述了工科性问题解决的系统化方略。这对我们的启发显而易见。首先，教育者要学会构建 ECD 挑战性问题，其特征是知识多元化——既包含多学科信息知识，也包含概念性知识，并且给学生预留思考空间；其次，在工科式问题解决中发展学生的生成性工科设计素养，力求做到关注学生的系统经验化思维设计、学生解释性科学行为、学生概括性知识获得；最后，科学评价 STEM 教育活动的 ECD。针对每个活动设定专门化的 ECD 评价标准、用描绘性语言给出每个层面的特征。总之，旗帜鲜明地在中小学倡导 STEM 教育的生成性设计素养，是 AI 时代发展的重要挑战和迫切要求。

参考文献

［1］（美）普拉特. 爱上制作［M］. 北京：人民邮电出版社，2013.08：60－61.

［2］ENGLISH L D . Learning while designing in a fourth－grade integrated STEM problem［J］. International journal of technology and design education, 2019, 29（1）.

［3］MCFADDEN J, ROEHRIG G. Engineering design in the elementary science classroom：Supporting student discourse during an engineering design challenge［J］. International Journal of Technology and Design Education, 2019, 29：231－262.

［4］WRIGHT N, WRIGLEY C. Broadening design－led education horizons：Conceptual insights and future research directions［J］. International Journal of Technology and Design Education, 2019, 29：1－23.

［5］ Kelley T R , Knowles J G. A conceptual framework for integrated STEM education ［J］. International Journal of STEM Education, 2016, 3（1）：1 –11.

［6］ KELLEY T R, SUNG E. Examining elementary school students' transfer of learning through engineering design using think – aloud protocol analysis ［J］. Journal of Technology Education, 2017, 28（2）：83 –108.

［7］ National Research Council. A framework for K – 12 science education：Practices, crosscutting concepts, and core ideas ［M］. Washington, DC：The National Academies Press, 2012：90 –99.

［8］ STONE – MACDONALD A, WENDELL K, DOUGLAS A, et al. Engaging young engineers：Teaching problem – solving skills through STEM ［M］. Baltimore, MD：Paul H. Bookers, 2015：60 –70.

［9］ BYBEE R W. Advancing STEM Education：A 2020 Vision ［J］. Technology & Engineering Teacher, 2010, 70（1）：30 –35.

［10］ CAPOBIANCO B M, DELISI J, RADLOFF J. Characterizing elementary teachers' enactment of high – leverage practices through engineering design – based science instruction ［J］. Science Education, 2017, 102（2）：342 –376.

［11］ CHEN Y, MOORE T J, WANG H. Construct, critique, and connect：Engineering as a vehicle to learnscience ［J］. Science Scope, 2014, 38（3）：58 –69.

［12］GUZEY S S，RING – WHALEN E A，HARWELL M，et al. Life STEM：A Case Study of Life Science Learning Through Engineering Design ［J］. International Journal of Science and Mathematics Education，2017，17（3）：1 – 20.

［13］Next Generation Science Standards. MS – ETS1 Engineering Design ［EB/OL］. https：//www. nextgenscience. org/dci – arrangement/ms – ets1 – engineering – design，2014 – 2 – 18.

［14］PARK D Y，PARK M H，BATES A B. Exploring Young Children's Understanding About the Concept of Volume Through Engineering Design in a STEM Activity：A Case Study ［J］. International Journal of Science & Mathematics Education，2018，16（2）：275 – 294.

［15］JOHRI A，OLDS B M. Situated engineering learning：Bridging engineering education research and the learning sciences ［J］. Journal of Engineering Education，2011，100（1）：151 – 185.

［16］RAZZOUK R，SHUTE V. What is design thinking and why is it important？ ［J］. Review of Educational Research，2012，82（3）：330 – 348.

［17］Achieve，Inc.. The next generation science standards（NGSS）［EB/OL］. http：//www. nextgenscience. org，2013 – 3 – 18.

［18］CLOUGH M P，OLSON J K. Final commentary：Connecting science and engineering practices：Acautionary perspective ［M］//ANNETTA L A，MINOGUE J. Connecting science and engineering education practices in meaningful ways: Building bridges. Basel, Switzerland: Springer International Publishing, 2016: 373 – 385.

[19] SUNG E, KELLEY T R. Identifying design process patterns: a sequential analysis study of design thinking [J]. International Journal of Technology and Design Education, 2019: 283 – 302.

[20] ENGLISH L D, DONNA K. STEM Integration in Sixth Grade: Desligning and Constructing Paper Bridges [J]. International Journal of ence & Mathematics Education, 2018: 1 – 22.

[21] FAN S, YU K. How an integrative STEM curriculum can benefit students in engineering design practices [J]. International Journal of Technology and Design Education, 2017, 27: 107 – 129.

[22] ORONA C, CARTER V, KINDALL H. Understanding standard units of measure [J]. Teaching Children Mathematics, 2017, 23 (8), 500 – 503.

[23] KAVOUSI S, et al. Modeling metacognition in design thinking and design making [J]. International Journal of Technology and Design Education, 2019: 1 – 27.

[24] STRIMEL G J, KIM E, GRUBBS M E, et al. A meta – synthesis of primary and secondary student design cognition research [J]. International Journal of Technology and Design Education, 2020, 30 (4).

[25] WIND S A, ALEMDAR M, LINGLE J A, et al. Exploring student understanding of the engineering design process using distractor a-

nalysis ［J］. International Journal of STEM Education, 2019, 6 (1):
1 – 18.

［26］STREVELER R A, LITZINGER T A, MILLER R L, et
al. Learning conceptual knowledge in the engineering sciences: Overview
and future research directions ［J］. Journal of Engineering Education,
2008, 97 (3): 279 – 294.

［27］MOORE T J, GLANCY A W, TANK K M, et al. A frame-
work for quality K – 12 engineering education: Research and development
［J］. Journal of Pre – College Engineering Education Research (J –
PEER), 2014, 4 (1): 1 – 13.

［28］TANK K M , MOORE T J , DORIE B L , et al. Engineering in
Early Elementary Classrooms Through the Integration of High – Quality Lit-
erature, Design, and STEM + C Content ［M］. 2018 : 50 – 60.

［29］MCKENNA A F. Adaptive expertise and knowledge fluency in
design and innovation ［M］//JOHRI A, OLDS B M. Cambridge hand-
book of engineering education research. New York, NY: Cambridge Uni-
versity Press, 2014: 227 – 242.

［30］Patton, Kevin and Melissa Parker. Teacher education commu-
nities of practice: More than a culture of collaboration ［J］. Teaching
and Teacher Education, 2017: 351 – 360.

［31］LEHRER R, STROM D, CONFREY J. Grounding metaphors
and inscriptional resonance: Children' semerging understanding of mathe-

matical similarity [J]. Cognition and Instruction, 2002, 20: 359 – 398.

[32] CUNNINGHAM C M, LACHAPELLE C P. Design engineering experiences to engage all students [J]. Educational Designer, 2016, 3 (9): 1 – 26.

[33] WALTER E M, HENDERSON C R, BEACH A L, et al. Introducing the Postsecondary Instructional Practices Survey (PIPS): A Concise, Interdisciplinary, and Easy – to – Score Survey [J]. Cbe Life Sciences Education, 2016, 15 (4): 53.

[34] PIBURN M, SAWADA D, FALCONER K, et al. Reformed teaching observation protocol (RTOP) [M]. Tempe: Collaborative for Excellence in the Preparation of Teachers, 2000: 1 – 10.

[35] SMITH M K, JONES F, GILBERT S L, et al. The Classroom Observation Protocol for Undergraduate STEM (COPUS): A New Instrument to Characterize University STEM Classroom Practices [J]. Cbe Life Sci Educ, 2013, 12 (4): 618 – 627.

[36] LANDRUM R E, VISKUPIC K, Susan E. SHADLE S E, et al. Assessing the STEM landscape: the current instructional climate survey and the evidence – based instructional practices adoption scale [J]. International Journal of STEM Education, 2017, 4: 25.

第九章

AI 时代初中生数感调查：嵌入式培养计算思维视角

计算思维代表普世认识和普遍技能，每一个人，而不仅仅是计算机科学家，都应热心于计算思维的学习和运用，学会"像计算机科学家一样思考"。

—— Wing（2006）[1]

一、问题提出

在《义务教育数学课程标准（2011 年版）》［下文简称《课标（2011 年版）》］中，数感作为义务教育阶段与符号意识、空间观念等十大需要发展的核心内容之一，有着无可替代的作用。《课标（2011 年版）》的总目标指出，要在经历数与代数的抽象过程中建立数感和符号意识。具体来说，就是要在小学低年级阶段发展数感，在中小衔接阶段初步形成数感并在中学高年级阶段建立符号意识[2]，同时，这与发展学生学科核心素养中的"知识理解"层面也有着密不可分的联系[3]。可见，对数感的培养是贯穿在整个义务教育阶段的重要内容。

有研究者[4]指出，建立数感在提高学生的数学素养、帮助学生自我建构数学知识、发展学生的创新精神和实践能力以及提高文化修养等方面都具有重要的教育价值。而这与《课标（2011 版）》阐述中，将"建立数感"数学思考领域的首要目标的理念不谋而合。在国内外，数感的教与学也一直是数学教育研究的重要课题，无论是对数感的概念的界定[5-7]、对数感现状的调查[8-11]，还是对数感的测量[8, 12]与培养方式[13]的探索，都有很多学者进行潜心研究。

因为在认识上对数感还存在着诸如简单化、泛化、混淆、借用，甚至神秘化等问题[14]，所以对数学教育工作者、研究人员和课程设计人员来说，评估数感也就成了一项重要而富有挑战性的工作。即便如此，依然有研究者通过自己对数感的认识来设计符合特定阶段测试者的问题进行定性与定量的研究。比如，谢茜[15]就对我国五、六、七年级学生的数感进行测量并对各个年龄段的结果进行比较研究，夏小刚等人[16]通过调查我国七年级的学生的数感并用所得结果进行国际比较，赵倩等人[9]则借助台湾研究者开发的数感测量工具对大陆和台湾小学生的数感进行比较研究，在实践层面做出了卓越的贡献。

通过文献检索发现，虽然国内有很多对数感特征的探讨以及对中小学生数感的调查研究，但是暂未发现对上海地区学生数感现状的调查研究。上海作为 PISA 等测试的中方代表，其学业成就及关键能力等综合素养也有着突出的表现，作为数学课程核心内容之一的数感的现状也应该在教学与研究过程中被当作重要的参考依据。上海地区的现行学制为"五四学制"，六年级作为初中的起始年级，这一阶段的学生数感现状对中小学的数感培养具有重要的借鉴意义。因此，本研究以上海地区的六年级学生为研究对象，对学生的数感现状进行调查研究，试图管中窥豹，获得这一地域学习群体的数感特征，为教学和研究提供实践依据。

二、概念界定

(一) 数感的内涵

"数感"一词的内涵在教育学界一直难以界定。现行《标准(2011 版)》将数感的概念描述为："数感主要是指关于数与数量、数量关系、运算结果估计等方面的感悟。建立数感有助于学生理解现实生活中数的意义，理解或表述具体情境中的数量关系。"这一描述前半句话是对数感的描述性叙述，将数感表述为一种"感悟"；后半句话指出数感的发展，可以对哪些方面产生影响。显然，这还不足以让我们对"数感是什么?""数感含有什么?"等问题产生清晰的认识。

很多学者都从不同的角度对数感的内涵撰文进行探讨．比如，史宁中和吕世虎[17]认为数感是对数的感悟，这种感悟既通过肢体又通过大脑，因此同时含有感知和思维这两种成分，这一观点与《课标 (2011 版)》类似。叶蓓蓓[18]认为"数感"是一种对数字（量）的直觉，同时还是一种敏捷的感知，这种直觉还可以培养，且具有非逻辑性，非演绎性，反应时间短以及不稳定等特点。同样持有"直觉"观点的还有詹国樑[19]，他认为数感可以从广义与狭义两个角度分为"数字感"和"数学感",数感是对数、数字或者数学对象的洞察与领悟。马云鹏和史炳星[7]则认为,数感是一种主动地、自觉地或自动化地理解和运用数的"态度"与"意识",是明确数的概念、进行计算等数学活动的基础。

徐文彬和喻平[14]在对"感悟说""直觉说""敏感说"等观念进行评价的基础上,提出:"数感"包括"对数字关系和数字模式的意识",以及运用这种对数字关系和数字模式的意识"灵活地解决数字问题的能力"两个部分,其核心是指计算策略中的灵活性和创造性,而非"没有思维的"计算程序。从中可以看出他们认为数感除了是对数字关系和模式的一种意识,更是灵活运用策略解决问题,以及评估结果的可靠性与过程的逻辑性的能力,这一能力也正与马利红等人[20]提出的21世纪核心素养5C模型中审辨思维能力相同。Mcintosh等人[5]也持有相同的观点,即数感是一种伴有意识的能力,他们认为数感是指一个人对数字以及数字运算的综合理解的能力,倾向于使用这种理解以灵活的方式做出数学判断,同时发展处理数字及数字运算的有效的策略。它反映的是一种使用数字和定量的方法来交流、处理和解释信息的倾向和能力,最终产生一种数字是有用的、数学是有规律的意识。

霍雨佳等人[21]在对数感概念进行梳理的时候发现,现有的对数感定义的取向主要分为行为取向和认知取向,行为论侧重于研究数感引发出的一系列外显行为,认知论注重分析由数感的生成内部心理,两种视角分别来自外显行为和内部心理活动两个层面。从已有对数感的调查研究来看，由于难以在内部心理活动层面进行严谨的调查，大部分研究仍然倾向于从外显行为方面进行研究，同时有部分研究[9]辅以对被试进行访谈来探索心理层面的因素。

（二）数感的结构

数感是由多种认知成分所组成的一个整体结构，但是对于具体的内容，已有研究也展示了不同的结构模型。

Mcintosh 等人[5]认为数感的结构包含数、运算以及情境三种基本成分。其中，数包括数的顺序、数的表征以及数的大小三个方面；运算是指在理解运算对数的意义及影响的基础上，对运算结果的合理性进行判断的能力而非常规的纸笔运算；情境是指在理解问题背景中的数量关系的基础上，能够选择有效的方式来表述其中的数量关系，并能够判断问题解决结果的精确性和合理性。

后续的研究者对于数感的分类大多数是建立在 Mcintosh 等人研究的基础上的。比如，徐文彬和喻平[14]认为，在解决"需要用数字进行推理的问题"时，关键是要在整合"数字知识和数字的简便性"与"运算知识和运算的简便性"的基础上，形成或获得以下这些理解力、意识和倾向：①理解问题情境与合适的解题策略之间的关系；②意识到存在多样化的数字呈现方式；③应用有效呈现和（或）方法的倾向；④检验数据和结果的倾向。Cheung[22] 以及 Lin[12] 等研究团队则在对数感进行测量时将数感分为理解数字和运算的基本含义的能力；识别数字大小的能力；使用数字和运算的多种表征的能力；识别运算对数的相对影响的能力以及判断计算结果合理性的能力五个方面。

霍雨佳等人[21]则通过对国外已有研究的梳理，依据数感的测评内容，将数感结构分为数、运算、估计以及情境四种成分，共包括数的意义等十种内容，并将这些内容细分为基数（数量的数）等21个测量指标，并构建了数感三维结构模型。但是引文[23]中提到的"估计"成分是针对幼儿提出的。本研究在对数感成分进行梳理时认为，六年级的学生数感应该包含对数和关系两种内容的估计，命名为"评估"更加贴切。据此，本研究重新构建了数感的三维结构模型——四面体数感结构模型（如图9-1）。

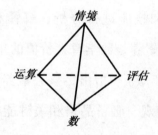

图9-1 四面体数感结构模型

基于以上述论，本研究将数感的概念界定为：数感是能够借助对数、数的关系以及数字模式的意识，灵活处理数（包括数的量和序）、数与数之间的关系（包括对数进行运算和比较）以及转换不同情境中数的形式（包括去情境化和带入情境化）的一种能力。其成分主要包含无情境（或基于情境）的数、数的运算以及数的评估三种成分六个内容。

（三）数感与核心素养的关系

《课标（2011 版）》从数感的界定和作用两个方面描述了数感的表现，指出数感是关于数与数量的感悟、理解现实生活中数的意义等。[2]数感的研究对象以数与数量、数量关系、运算结果等为主，包含多个层次的具体内容且以客观描述为主。也有研究者从意识与能力的角度出发，认为数感是数的抽象意义与数的具体意义的统一，是一种自觉地基于数或现实的情境，解释和应用数的意识和能力。[24]

就实际表现而言，核心素养是个体面对现实生活情境时，运用已有观念、思维模式和技能进行分析、解释和交流问题的综合品质。[25]数学学科的核心素养是数学育人价值的集中体现，《普通高中数学课程标准（2017 年版）》指出，核心素养是学生通过数学学科的学习逐步形成的价值观、必备品格和关键能力[26]，共包含数学抽象、逻辑推理、数学建模、直观想象、数学运算和数据分析六个要素。这一描述指出了学生在经历教学过程后应该达到的发展目标，是一种聚焦于人的发展的描述。也有学者从数学素养的内涵出发，认为素养是后天通过短时的培养和练习就能获得的知识、技能、技巧等经验系统，更注重个体在数学活动中的动态生成过程和效果。[27]其本质是描述一个人经过数学教育后应当具有的数学特质。[28]

从以上关于数感和核心素养的表述可以看出，两者都含有主观培养的"观点""感悟"以及客观形成的"能力""品格"等内容，两者也都含有"问题解决""数学思维"和"数学交流"等核心能力要素。[29]从概念范围看，数感的概念范围更为具体，其内容以数的意义、关系以及运算的结果等为主，更多的是从客观层面描述数学本身的体系。而核心素养以发展要素的形式提出，主要以学生本身的发展目标为主。在实际教学中，让学生感悟、形成和发展数学学科核心素养需要将数学内容与数学学科核心素养进行有机结合[30]，从两者的关系来看，数感的良好发展是形成数学核心素养的前提，数学核心素养也能促进学生数感的发展。同时，数学核心素养的六个要素也为数感指明了发展的方向。

三、研究设计

（一）研究问题与方法

上海学生在国际数学评估测试中一直表现优异，在 2018 年的国际学生评估项目（PISA）的测试中，中国的四省市学生均分居 79 个参测国家（地区）首位，具体到三个测试的领域。其中，数学领域的均分又高于阅读和科学，更是超出第二名新加坡 22 分之多。[31]而数感作为数学领域的核心内容之一，是发展符号意识、运算推理能力以及应用意识的重要基础，是数学学业的保障，对数学学习有着举足轻重的作用。从刚刚发布不久的《面向未来：21 世纪核心素养教育的全球经验》研究报告中也可以看出，核心素养主要由文化理解与传承素养、审辨思维、创新素养、沟通素养以及合作素养五个部分组成[32]，上海学生在这些维度有怎样的表现也值得期待。

有研究[33]表明，数感是预测未来数学成绩的精确指标，因为数感与解决数学应用问题的能力密切相关。王本法和乔福强[34]也对数感、数学效能以及学业成就之间的关系进行过研究，发现虽然数感和数学效能均与数学成绩存在显著相关，但是数感与数学成绩的关系较之数学效能与数学成绩的关系更紧密，而且数感对数学成绩的预测力强于数学效能对数学成绩的预测力。基于此，本研究主要关注上海地区六年级学生的数感表现，同时从多维度观测数感呈现的特点，并通过学生在数感中的表现，探索在核心素养的培养过程中可以采取的教学策略。综上，本研究将主要聚焦于以下两个问题：

（1）上海六年级的学生在数感测试中各个结构的表现分布如何？在数感的迷思概念中呈现出何种特点？

（2）该群体学生在数感的测试中对应地在何种程度上表现出了哪些核心素养？在课堂教学中应该如何对这些核心素养进行培养？

本研究采用数感双层测试的调查研究法，测试时间为 40 分钟，强调每道题目的理由部分务必写出自己的思考过程。测试过程中不能交流也不能向教师询问，测试结束后当场收回测试卷。阅卷后，对部分结果选择错误且无法理解理由的学生进行访谈，进一步了解其心理活动层面的活动过程，主要询问选择某一选项的理由；理由解释得更具体的阐述；对其他没有作出选择的选项的想法。

（二）测试卷的编制与赋分

根据已有研究，首先将数感分为数、运算、评估以及情境四个成分，由于绝大多数情境类问题都依托于前三个成分，所以将情境类问题设置在前三个成分中进行测试，同时，所有含有情境类的问题都额外设置一道非情境类问题进行测量用来规避对其他成分的干扰。考虑到四个成分中的具体指标之间存在着相互依存的关系，在设计问卷时仅考查到内容维度．同时参考已有研究[35]，最终测试问卷共包含"数""运算""评估"和"情境"四个维度共16个问题。研究中涉及的基于情境的数感调查分析数据，分别从测验的前三个维度提取。其中，"数"的维度取1-1到1-6题的测量数据，"运算"的维度取2-1到2-6题的测量数据，"评估"的维度取3-1到3-4题的测量数据，"情境"的维度取1-3，2-2，2-3，2-5，3-15题的测量数据。已有关于数感的研究测试主要以选择和标记题为主要作答形式，采用纸笔或者在线的测试方式。借鉴已有各种研究形式的利弊，本研究选取纸笔、全选择题的测量方式。

本测试采用两层计分模式，每个问题包含答案选项和理由叙述两个部分，答案选项分值设置为2分，用来检测学生的答题正确情况。选对得2分，选错或者未选得0分。理由叙述的分值设置为4分，主要观测学生在解题时的思维策略。思维策略分为数感思维策略、传统算法策略、迷思概念以及猜测策略四种情况，根据学生展示的思维策略分别赋予4、3、2、1分。具体评分标准如表9-1所示。

表9-1 数感测验评分标准

答案选项	正确答案				错误答案	
	2				0	
原因选项	数感	传统	迷思	猜测	迷思	猜测
	4	3	2	1	2	1
总分	6	5	4	3	2	1

（三）研究对象的选取及数据的处理

2020年5月18日下午，选取上海市某公办初级中学六年级的4个班进行施测，各个班级的测试过程和要求保持一致，测试时间40分钟。共发放问卷135份，收回有效问卷131份，其中男生58人，女生73人。有理数的运算内容在小初衔接段内处于重要地位，在培养数感的同时也能够很好地反映数学抽象、逻辑推理、直观想象、数学运算和数学建模等核心素养内容水平[36]，在施测前，他们刚刚学习完"有理数"的相关内容，与小学阶段相比，对数的认识有了进一步的提升。所以，学生的学业水平等级根据他们在测量之前所学的"有理数的运算"中连续两个月的数学成绩均值确定，划分为优秀（≥90分）、良好（≥80分且<90分）、中等（≥60分且<80分）和不及格（<60分）4个等级。

使用Excel和SPSS 22.0对搜集的数据进行描述统计、信度以及方差分析，考查数感问卷中各维度之间的相关性。分析前，对收集到的问卷数据用Cronbach's α系数（内部一致性系数）分析，得出数感量表的信度达到了 0.825，表示在可接受的范围内。

利用相关分析来检验数感各分层次之间是否存在相关性，在行为科学领域，通常把相关系数 0.3 以上视为中等相关，0.5 以上视为高相关[37]。如表 9－2 所示，组内两两层次在显著性检验水平为 0.01 时，相关系数在 0.436—0.814 之间，为中高程度正相关。4 个层次与数感总量表之间在显著性检验水平为 0.01 时的相关系数在 0.695—0.910 之间，表明各层次与整个问卷具有高度一致性，达到高程度正相关。

表 9－2　分析层次间的相关系数矩阵

	数	运算	评估	情境	数感
数	1				
运算	.541**	1			
评估	.436**	.681**	1		
情境	.497**	.755**	.814**	1	
数感	.695**	.901**	.870**	.910**	1

注：＊＊表示在置信度（双测）为 0.01 时，相关性是显著的。

四、研究结果

（一）六年级学生的数感发展水平与学生的性别和成绩的相关性

研究结果表明，六年级学生的数感水平（如表 9－3）受到性别和成绩的影响比较明显。

表9-3 同性别及学业水平的六年级学生在数感各维度上的表现

维度	性别		学业水平				合计总体
	男 （n=58）	女 （n=73）	优秀 （n=37）	良好 （n=38）	中等 （n=38）	不及格 （n=18）	（n=131）
数	4.87	4.65	5.08	4.74	4.52	4.58	4.75
运算	4.68	4.12	4.94	4.51	4.05	3.56	4.37
评估	3.52	3.03	4.12	3.26	2.87	2.21	3.24
情境	4.03	3.55	4.26	3.84	3.48	3.14	3.76
数感	4.36	3.93	4.66	4.18	3.82	3.49	4.12

　　从性别角度进行观察，男生在数感的4个维度及总体表现中全面高于女生。为了更详细地分析相关数据，首先从性别角度对单因素方差分析的前提进行检验，经检验，五个维度的相伴概率为0.251—0.966，全部大于显著性水平0.05，因此可以认为各个组总体方差是相等的，满足方差检验的前提条件。从方差分析结果表（如表9-4所示）中可以看出，方差检验的F值为3.314—9.093，相伴概率只有"数"的维度大于显著性水平0.05，表示接受零假设，也就是说不同性别对运算、评估、情境以及数感整体的表现都有显著的影响。

表 9-4　ANOVA

指标	维度		平方和	Df	均方	F	显著性	指标	维度		平方和	Df	均方	F	显著性
性别	数	组间	1.573	1	1.573	3.314	.071	成绩	数	组间	6.612	3	2.204	4.982	.003
		组内	61.226	129	.475					组内	56.187	127	.442		
	运算	组间	10.303	1	10.303	9.093	.003		运算	组间	28.543	3	9.514	9.446	.000
		组内	146.165	129	1.133					组内	127.924	127	1.007		
	评估	组间	7.755	1	7.755	4.617	.034		评估	组间	53.171	3	17.724	13.143	.000
		组内	216.678	129	1.680					组内	171.262	127	1.349		
	情境	组间	7.629	1	7.629	7.607	.007		情境	组间	19.197	3	6.399	6.899	.000
		组内	129.365	129	1.003					组内	117.797	127	.928		
	数感	组间	6.069	1	6.069	8.687	.004		数感	组间	21.365	3	7.122	12.089	.000
		组内	90.114	129	.699					组内	74.818	127	.589		

　　从表格 9-3 中也可以看出，成绩对数感的表现也有明显的影响，从整体上表现出学业水平越高，数感表现越好的状态。为了进一步研究，先对成绩维度的单因素方差分析的前提进行检验，结果如表 9-4 所示，相伴概率为 0.122—0.642，大于显著性水平 0.05，满足方差检验的前提条件，方差检验的 F 值为 4.982—13.142，相伴概率全部小于显著性水平 0.05，可见不同成绩水平对数感整体及其所包含的各个维度都有显著的影响。

（二）六年级学生数感发展水平和已有数学认知水平的关系

已有研究[38]表明，学生的数学认知水平和认知方式会影响学生的数学学习，从而影响他们的数学能力水平。从解读问题时对数学概念的理解，到解决问题时对数学技能和数学策略的使用等，都会调动已有的数学认知经历。学生在问题解决过程中对使用的数学概念的认知也经历着多个不同的阶段[39]，对这些概念的正确理解会在很大程度上影响他们的数感水平。为了探寻数感水平的呈现是否受到已有数学认知的影响，研究选取了部分同学对两道有代表性的问题进行访谈。

问题 1（数—意义—序数）：你觉得 1.52 和 1.53 之间有多少个小数？

A. 0 个　　　B. 1 个　　　C. 几个　　　D. 无数个

本题在所有测试的小题中均值最高，达到了 5.725，表明大多数同学能够借助数感的思维策略获得正确的结果。为了进一步了解学生对本题的想法，选择了几位学生进行访谈，学生 A 认为"因为这个题目中的小数没有数位的限制，所以我可以不断地从十分位、百分位、千分位……无限写下去"，学生 B 认为"因为小数的位数可以有无数种可能，所以在这两个数之间的小数也可以有无数个"，学生 C 则通过举例"大于 1.52 小于 1.53 的小数可以是 1.521，1.5211，1.52111……这样可以无限写下去"。访谈的过程中，他们都提到了他们对这一题的认知来源于前不久学习的"有理数"的相关知识：知道了数轴的相关概念，并且了解了在数轴上表示数的任意两个点之间还有无数个数。

问题 2（评估—数量—基准数）：小明使用计算器计算得到算式 $0.4975 \times 9428.8 = 4690828$，但是结果忘记了写小数点，不经过精确的计算，请你估计一下下列选项中哪一个是正确的结果？

A. 46.90828　B. 469.0828　C. 4690.828　D. 46908.28　E. 无法确定

本题在所有测试的小题中均分最低，仅有 2.450 分，表明大部分学生无法正确借助数感或者传统计算的策略判断结果的正确与否．在选择的几位具有迷思概念的访谈者中，基本上都持有"0.4975 有 4 位小数，9428.8 有 1 位小数，相乘以后也会有 $1 + 4 = 5$（位）小数，所以运算结果的小数点要向前移动 5 位"或者类似的观点。通过追问获知，他们从小学阶段学习"小数的乘法"以后就一直持有这一观点。但是，在经过访谈者提示需要考虑两个数相乘末尾是一个或多个 0 的情况后，他们会立即获得正确的结果。同时，接近 0.5 的数与 9428.8 相乘，乘积的范围应该略小于 9428.8，而在做错本题的学生中，没人能够从两个数的范围角度意识到这一点。

（三）六年级学生在评估和情境领域的数感表现受迷思概念的影响

从表 9-4 的数据可以看出，评估和情境维度的数感表现明显低于数和运算维度。细化到具体的指标如表 9-5 所示。

表 9-5 评估与情境维度各指标统计

维度	指标	平均值（E）		标准偏差	方差
		统计	标准错误	统计	统计
评估	数量—基准数（1）	4.099	0.1559	1.7839	3.182
	数量—基准数（2）	2.450	0.1346	1.5403	2.373
	图形—参考点（1）	2.649	0.1665	1.9051	3.630
	图形—参考点（2）	3.779	0.1862	2.1314	4.543
	总体	3.2443	0.11480	1.31393	1.726
情境	数—关系—大小	4.763	0.0795	0.9100	0.828
	运算—意义—度量	3.122	0.1392	1.5934	2.539
	运算—结果—范围	4.168	0.1899	2.1738	4.725
	评估—数量—基准数	4.099	0.1559	1.7839	3.182
	评估—图形—参考点	2.649	0.1665	1.9051	3.630
	总体	3.7603	0.08969	1.02655	1.054

可以看出，学生在评估维度的"数量—基准数（2）"和"图形—参考点（1）"的均值只有2.450和2.649，明显低于评估维度的总体均值3.2443，表现不甚理想。同时，在情境维度的"运算—意义—度量"的均值仅有3.122，在"评估—图形—参考点"的均值仅有2.649，也显著低于情境维度的总体均值3.760。这些不佳表现，除了如前述问题2（评估—数量—基准数）中的分析一样，受到已有数学认知水平的影响，还受到迷思概念的影响。

问题3［评估—图形—参考点（1）］：如图9-2，小明从点O出发，绕着正方形花坛走一圈，请问图中哪个点是小明大约走了2/3的点？

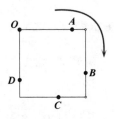

图9-2 绕圈路线

A. 点A B. 点B C. 点C D. 点D E. 不知道边长无法确定

被调查学生在以数轴为基本图形的"数—表征—图形"中的均分为4.550，可见他们在标准几何图形情境中的表现较好。而在问题3中考查学生在折线段中寻找正确参考点的能力时，表现却大相径庭。这种在被赋予实际意义的非标准几何图形情境中的数感能力表现的降低与已有研究[40]不谋而合。比如，有些同学的理由是"切分出来1/3是一条边和半条边，所以选D"，或者是"看图可知，D离O点更近，是一大半，2/3也是一大半"等迷思概念，虽然有比较的思想，却缺少对数值精度的考量。

问题4（运算—意义—度量）：图9-3是两个礼盒，其中甲礼盒是各边长都为10cm的正方体，乙礼盒是高和两个底面直径都为10cm的圆柱体。如果用图示方式进行包装，在不经过精确计算的情况下，请问哪个礼盒需要的丝带更多？

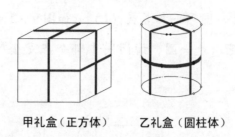

甲礼盒（正方体）　　　乙礼盒（圆柱体）

图9-3　礼盒

A. 甲礼盒用得多　　　　B. 乙礼盒用得多

C. 两个礼盒一样多　　　D. 无法确定

被调查学生在问题4中的数感表现也不是很理想，均分只有3.122。主要表现在无法区别所给两个几何物体的异同，从而做出"两个礼盒的边长、高和底都是10cm，所以所用丝带相同"的错误判断，或者对几何图形本身持有迷思概念，从而有"相同数值长短的图形中，圆的面积最大""曲线比直线长"等理由的产生。即使是选择正确答案A的同学，也有使用诸如"甲礼盒表面积更大""甲礼盒的体积更大"等迷思概念策略的。

五、结论与讨论

（一）性别和成绩差异对数感表现有影响

研究在性别差异方面数感表现的结论与陈京军等人[41]得到的结论类似，初中男生的数学积极情绪多于女生，所以在完成积极情绪体现较多的数学任务的过程中，男生的表现会优于女生。同时，有研究[42]认为，在与数学能力有关的研究中，中学生虽然表面上不认为女生的数学能力不如男生，但是受到性别刻板印象的影响，内心深处认为女生的数学能力比男生差。随之带来的焦虑感也会影响她们在相关测验中的表现。也就是说，女生需要在数感培养方面增进自信心。

本研究中，数感表现受到成绩差异影响的结论与谢茜[15]的研究成果存在差异。谢茜在研究中分别选取了上海的一所公办中学六年级和民办中学七年级一共88名学生进行测试，认为成绩与数感没有相关性。经初步分析，这一结论与本研究的差异可能是由被试的学习环境和年级不同而造成的。在另一项研究[34]中，研究者认为数感与数学成绩的关系更紧密，同时，数感对数学成绩还有着较强的预测力，认为数感和数学成绩之间确实存在着显著的相关性。可见，成绩与数感的相关性受到多方面因素的影响。

（二）数感表现受到数学已有认知水平的影响

学生的数学认知水平，特别是对数学概念的理解水平会影响学生数感能力的表现。很多研究都表明，已有数学认知是数学核心素养的重要影响因素。常磊和鲍建生[43]在阐释了数学核心素养与已有数学学习情境之间的关系后指出，数学核心素养是学生在具有情境的数学活动中切实感悟、综合理解、反复强化逐渐形成的。要想发展学生的数感和核心素养，就需要增加与多样化情境相联系的学习体验以优化数学认知。学生在小学的数学课程中，就已经对数学的基本思想有所体会，而这些经历形成的数学认知都影响着学生核心素养的形成[44]。所以有研究者[45]提出，应该从小学开始对学校的课程进行统整和开发以提升学生的数学素养和创新能力。

（三）迷思概念对数感表现的影响较大

许桂清[46]认为，迷思概念是指学生在学习相关知识的前、中、后三个阶段存在的残缺或者错误的认知，同时认为学生的迷思概念可以从深层思维角度分为"本体论知识"和"经验思维模式"。值得注意的是，迷思概念可能由"本体论知识"或者"经验思维模式"或者两者共同作用导致。比如，问题 3 中出现的迷思概念可能受到本体论知识 "$\frac{2}{3}$ 比一半大" 的影响，学生只知道大，却无法估算出大的范围。问题 4 中出现的迷思概念可能是受到经验思维模式"相同长、宽高的物体的表面积相等"的影响，忽略形状上面的差异而得到了错误结果。问题 4 中也存在着由两个因素共同作用的"甲礼盒的表面积（体积）更大"等迷思概念，忽略了丝线是长度单位，而选择了面积和体积单位进行比较。本研究认为，要想提高学生在数感方面的表现，就不得不重视对他们在评估和情境领域中迷思概念的改善。

六、教学建议

（一）教学中丰富学生的数感体验以减少迷思概念的产生

数学体验是由学生经历心智操作和心力操作以后，个体给数学知识赋予意义并认识数学知识的价值的过程，这一经验可以存储于个体的长时记忆系统之中[47]。教师在教学过程中如果能够借助教学活动，构建合适的学习情境，让学生充分实践和感受"测量不同物体的高度""确定不同规格不同价格的同一种商品的性价比""将环形操场四等分"等数学活动，便能让学生在潜移默化中增强对一些现实情境中物体的估算能力，而这些都是在数感调查过程中展示出来的薄弱内容。同时，学生在解决可操作的数学活动题时，能够增加对生活中的数学的情感体验的同时丰富思维过程[48]，并能在对自己的解题思路进行反思和调整的过程中发展数学创造能力。

（二）优化数感相关知识的教学以提高学生的数感水平

数学抽象、逻辑推理和数学建模是数学学科核心素养的三个基本要素，在教学过程中，数的概念、性质、关系和规律是培养学生数感能力的具体表现形式[30]。学生对数的知识的理解对数感水平具有很大的影响，如在评估维度方面，对长方体和圆柱体相关概念的理解会在很大程度上影响结果的判断。又如在数的维度方面，对数位的正确判断会有助于数感水平的提高。对数的关系和规律的认识也会影响到学生对"参考点"的选择[9]。由于在评估和情境部分的数感能力表现与数、计算维度的表现差别主要受到已有数学认知的影响，所以教师在教学过程中除了要注重知识和技能的教学，更应该加强对数学概念、性质、关系和规律等内容的认识，加强上述核心素养表现内容能力的培养。

（三）培养学生的学习自信以减少性别差异的程度

已有研究[49]表明，在初中起始阶段学生数学学业成绩没有性别差异，但是随着年级的升高，会存在较小程度的性别差异。而且性别差异常表现为女生优于男生[49,50]。这可以归结于女孩更倾向于在学业上付出努力，且对学业拥有更高的兴趣和更好的习惯。但是在遇到具有挑战性的学习内容时，男生更愿意付出精力参与问题的研究[51]。同时，学校教育对女生的消极归因方式以及学习中的心理劣势也是影响女生成绩和能力的因素之一。从本研究的结果可以看出，女生和学困生在数感的能力水平方面都有待提高。在教学过程中，需要帮助女生以及学困生树立更多的自信：一方面需要避免女生对成绩归因的消极影响，另一方面需要鼓励女生及学困生进行更多的自主性学习活动以消除心理劣势。

七、局限与展望

本研究对数感构成要素及主要成分进行了梳理并提供了数感测量的一种方式，对后续的相关研究具有借鉴意义。调查得到的上海地区六年级学生的数感现状，对教学实践的完善也有一定的帮助。由于调查的局限性，实验的样本容量较小，所得到的结论是否具有普遍性还有待进一步验证和研究。同时，数感的构成要素以及数感与数学核心素养的关系仍然需要进一步厘清。数感作为义务教育阶段的核心能力之一，在各个年级与学段中的表现情况、教学过程对数感的影响等都有很高的研究价值。

参考文献

［1］WING J M. Computational thinking［J］. Communications of the ACM, 2006, 49（3）: 33 – 35.

［2］中华人民共和国教育部. 义务教育数学课程标准［M］. 2011 年版. 北京: 北京师范大学出版社, 2011: 1 – 15.

［3］喻平. 发展学生学科核心素养的教学目标与策略［J］. 课程·教材·教法, 2017, 37（1）: 48 – 53.

［4］滕发祥. 数感及其教育价值［J］. 课程·教材·教法, 2004, 24（12）: 47 – 50.

［5］MCINTOSH A, REYS B J, REYS R E. A proposed framework for examining basic number sense［J］. For the Learning of Mathematics, 1992, 12（3）: 2 – 44.

［6］DEHAENE S. Précis of the number sense［J］. Mind & Language, 2001, 16（1）: 16 – 36.

［7］马云鹏, 史炳星. 认识数感与发展数感［J］. 数学教育学报, 2002（2）: 46 – 49.

［8］DER – CHING Y, CHUN – JEN H. Teaching number sense for 6th graders in taiwan［J］. International Electronic Journal of Mathematics Education, 2009, 4（7）: 92 – 109.

［9］赵倩, 吕世虎, 韩继伟. 中国大陆与台湾地区小学生数感表现的比较研究——以比较分数的相对大小为例［J］. 数学教育学

报，2019，28（6）：65－70.

［10］MERAL C A，EMINE T Ö，HAYAL Y M. Examination of the number sense skills of secondary school students（6th－8th grades）1［J］. Journal of Education and Practice，2017，8（25）：199－207.

［11］GUREFE N，ONCUL C，ES H. Investigation number sense test achievements of middle school students according to different variables［J］. American Journal of Educational Research，2017，5（9）：1004－1008.

［12］LIN Y，YANG D，LI M. diagnosing students' misconceptions in number sense via a web－based two－tier test［J］. EURASIA Journal of Mathematics，Science and Technology Education，2016，12（1）：41－55.

［13］YANG D，LIN Y. Using calculator－assisted instruction to enhance low－achievers in learning number sense：A case study of two fifth graders in taiwan［J］. Journal of Education and Learning，2015，4（2）：64－72.

［14］徐文彬，喻平."数感"及其形成与发展［J］.数学教育学报，2007（2）：8－11.

［15］谢茜.对我国5、6、7年级学生数感现状的调查研究［D］.上海：华东师范大学，2006：10－63.

［16］夏小刚，曾小平.七年级学生"数感"的调查与分析——兼谈与国际比较［J］.数学教育学报，2008（5）：44－47.

［17］史宁中，吕世虎. 对数感及其教学的思考［J］. 数学教育学报，2006（2）：9－11.

［18］叶蓓蓓. 对数感的再认识与思考［J］. 数学教育学报，2004（2）：34－36.

［19］詹国樑. 数感的内涵［J］. 苏州教育学院学报，2005（1）：69－71.

［20］马利红，魏锐，刘坚，等. 审辨思维：21世纪核心素养5C模型之二［J］. 华东师范大学学报（教育科学版），2020，38（2）：45－56.

［21］霍雨佳，郭成，杨新荣. 国外数感研究评析及启示［J］. 课程·教材·教法，2015，35（2）：117－121.

［22］CHEUNG K L, YANG D. Performance of sixth graders in Hong Kong on a number sense three－tier test［J］. Educational Studies, 2020, 46（1）：39－55.

［23］JORDAN N C, GLUTTING J, DYSON N, et al. Building kindergartners' number sense：A randomized controlled study［J］. Journal of Educational Psychology, 2012, 104（3）：647－660.

［24］曹培英. 跨越断层，走出误区："数学课程标准"核心词的解读与实践研究［M］. 上海：上海教育出版社，2017：3－18.

［25］余文森. 核心素养导向的课堂教学［M］. 上海：上海教育出版社，2017：29－33.

［26］中华人民共和国教育部. 普通高中数学课程标准［M］.

2017 年版.北京:人民教育出版社,2017:4.

[27] 黄友初.我国数学素养研究分析 [J].课程·教材·教法,2015 (8):55-59.

[28] 史宁中,林玉慈,陶剑,等.关于高中数学教育中的数学核心素养——史宁中教授访谈之七 [J].课程·教材·教法,2017 (4):8-14.

[29] 徐斌艳,等.数学核心能力研究 [M].上海:华东师范大学出版社,2019:1-13.

[30] 娜仁格日乐,史宁中.数学学科核心素养与初中数学内容之间的关系 [J].东北师范大学学报(哲学社会科学版),2019 (6):118-124.

[31] 赵茜,张佳慧,常颖昊."国际学生评估项目2018"的结果审视与政策含义 [J].教育研究,2019,40 (12):26-35.

[32] 魏锐,刘坚,白新文,等."21 世纪核心素养5C 模型"研究设计 [J].华东师范大学学报(教育科学版),2020,38 (02):20-28.

[33] JORDAN N C, GLUTTING J, RAMINENI C. The importance of number sense to mathematics achievement in first and third grades [J].Learning and Individual Differences,2010,20 (2):82-88.

[34] 王本法,乔福强.数感、数学效能感与数学成绩的关系研究 [J].中国特殊教育,2012 (6):87-91.

[35] 许清阳."国小"学童数感理论模式建构与电脑化数感诊

断测验系统的研究 [D]. 高雄：高雄师范大学，2006：1-286.

[36] 吴增生. 数学学科核心素养导向下的有理数教学实证研究 [J]. 数学教育学报，2020，29（2）：53-57.

[37] 何小亚，李耀光，张敏. 数学教育研究与测量 [M]. 北京：科学出版社，2017：419-436.

[38] 杨红，王芳，周加仙，等. 数学学习的认知与脑机制研究成果对数学教育的启示 [J]. 教育发展研究，2014，33（22）：37-43.

[39] 鲍建生，周超. 数学学习的心理基础与过程 [M]. 上海：上海教育出版社，2009：107-146.

[40] 陈志辉，孙虎，周芳芳. 上海七年级学生"平行"概念表征与转译的调查研究——基于数学核心素养的视角 [J]. 数学教育学报，2019，28（1）：37-42.

[41] 陈京军，吴鹏，刘华山. 初中生数学成绩、数学学业能力自我概念与数学学业情绪的关系 [J]. 心理科学，2014，37（2）：368-372.

[42] 宋淑娟. 中学生数学-性别刻板印象威胁与消解 [J]. 中国教育学刊，2015（1）：88-92.

[43] 常磊，鲍建生. 情境视角下的数学核心素养 [J]. 数学教育学报，2017，26（2）：24-28.

[44] 曹培英. 从学科核心素养与学科育人价值看数学基本思想 [J]. 课程·教材·教法，2015，35（9）：40-43.

[45] 汤卫红，姜国明. 整合数学：改变学生的学习样态 [J].

人民教育, 2015 (13): 30 – 32.

[46] 许桂清. 学生迷思概念与科学概念比对图模型的建构与应用 [J]. 课程·教材·教法, 2016, 36 (6): 97 – 102.

[47] 赵思林. 数学活动经验的含义新探 [J]. 数学教育学报, 2019, 28 (2): 75 – 80.

[48] 邢佳立, 张侨平. 通过数学活动题培养学生创造力的实践探索 [J]. 课程·教材·教法, 2020, 40 (3): 43 – 49.

[49] 李美娟, 郝懿, 王家祺. 义务教育阶段学生学业成绩性别差异的元分析——基于大规模学业质量监测数据的实证研究 [J]. 教育科学研究, 2019 (11): 34 – 42.

[50] 郝连明, 綦春霞. 基于初中数学学业成绩的男性更大变异假设研究 [J]. 数学教育学报, 2016, 25 (6): 38 – 41.

[51] 朱雁, 倪律, 倪明. 初中数学学习难点的性别差异分析 [J]. 全球教育展望, 2019, 48 (11): 106 – 115.

附件1 六年级学生"数感"及其概念调查测试卷

姓名：_____； 班级：_____班；性别：□男生□女生

【测试说明】亲爱的同学：你好！这是一份关于六年级学生"数感"及其概念的调查测试卷，请根据你的理解认真完成答卷。我们不会对问卷进行评分，问卷结果与数学成绩无关，测试问题仅作为研究使用，不会泄露你的隐私，请放心作答。所有问题均不需要进行精确的计算。谢谢你的合作！祝你学业有成、健康、快乐成长！

【答题规则说明】本问卷共有 16 道选择题，请将每题选择的结果填写在题干后的括号内，理由写在横线上。

1－1. 在下列各选项中，哪个选项表示"30 个 1 千"？（　　　）

A. 300　　B. 3000　　C. 30000　　D. 301000　　E. 无法确定

你的理由是：_____。

1－2. 你觉得 1.52 和 1.53 之间有多少个小数？（　　　）

A. 0 个　　B. 1 个　　C. 几个　　D. 无数个

你的理由是：_____。

1－3. 马拉松比赛开始后 5 分钟，大雄跑了 4/10 千米，哆啦 A 梦跑了 3/5 千米，请问谁跑得比较远？（　　　）

A. 大熊　　B. 哆啦 A 梦　　C. 一样远　　D. 无法确定

你的理由是：_____。

1－4. 请判断 7/12 和 4/9 哪一个分数比较大？（　　　）

A. 7/12   B. 4/9   C. 一样大   D. 无法确定

你的理由是：_____。

1－5. 下列选项中哪个更接近于1.32？（   ）

A. 1.032   B. 1.23   C. 1.302   D. 1.332   E. 无法确定

你的理由是：_____。

1－6. 你认为图1中的箭头所指的数是多少？（   ）

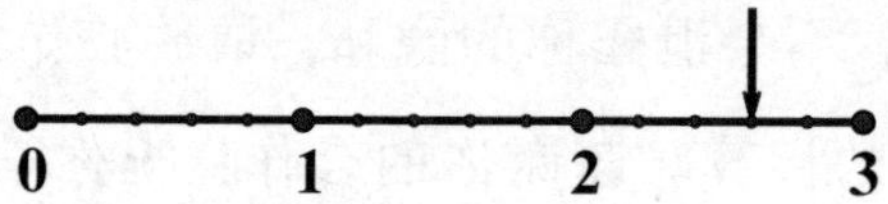

图1

A. 2.3   B. $\dfrac{13}{15}$ C. $2\dfrac{3}{5}$ D. $2\dfrac{3}{15}$

你的理由是：_____。

2－1. 不用计算，大概估计一下 0.8×29 的结果。（   ）

A. 大于29   B. 小于29   C. 等于29   D. 不计算无法确定

你的理由是：_____。

2－2. 图2是两个礼盒，其中甲礼盒是各边长都为10厘米的正方体，乙礼盒是高和两个底面直径都为10厘米的圆柱体，如果用图示方式进行包装，在不经过精确计算的情况下，请问哪个礼盒需要的丝带更多？（   ）

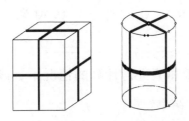

甲礼盒（正方体）　乙礼盒（圆柱体）

图 2

A. 甲礼盒用得多 　　　　　 B. 乙礼盒用得多

C. 两个礼盒一样多 　　　　 D. 无法确定

你的理由是：_____。

2−3. 从出生到今天，你大概生活了多少天？（　　　）

A. 500 天　B. 5000 天　C. 50000 天　D. 500000 天

你的理由是：_____。

2−4. 对 $6\frac{2}{5} \div \frac{15}{16}$ 的商进行估计，从下列选项中选出最符合你观点的选项。（　　　）

A. 比 $6\frac{2}{5}$ 大一点 　　　　 B. 比 $6\frac{2}{5}$ 大很多

C. 比 $6\frac{2}{5}$ 小一点 　　　　 D. 比 $6\frac{2}{5}$ 小很多

E. 无法确定

你的理由是：_____。

2−5. 操场上的旗杆大约有四层楼高，下面哪个选项的高度和旗杆差不多高？（　　　）

A. 4 米　　　B. 12 米　　　C. 20 米　　　D. 40 米

你的理由是：＿＿＿＿＿＿＿＿＿＿＿＿＿＿＿＿＿＿＿＿＿＿＿。

2 – 6. 在不借助纸和笔进行计算的情况下，确定下列哪个选项是 249 × 4 的最合理的结果？（　　　）

　　A. 小于 1000　　B. 等于 1000　　C. 大于 1000　　D. 无法确定

你的理由是：＿＿＿＿＿＿＿＿＿＿＿＿＿＿＿＿＿＿＿＿＿＿＿。

3 – 1. 某商场同时销售甲、乙两种不同规格的饮料，其中甲饮料规格为 250 毫升售价 2.3 元，乙饮料规格为 520 毫升售价 4.5 元。请问，当容量相同时，哪一种饮料比较便宜？（　　　）

　　A. 甲更便宜　　B. 乙更便宜　　C. 一样便宜　　D. 无法确定

你的理由是：＿＿＿＿＿＿＿＿＿＿＿＿＿＿＿＿＿＿＿＿＿＿＿。

3 – 2. 小明使用计算器计算得到算式 0.4975 × 9428.8 = 4690828，但是结果忘记了写小数点。不经过精确的计算，请你估计一下下列选项中哪一个是正确的结果？（　　　）

　　A. 46.90828　　　B. 469.0828　　　C. 4690.828　　　D. 46908.28

　　E. 无法确定

你的理由是：＿＿＿＿＿＿＿＿＿＿＿＿＿＿＿＿＿＿＿＿＿＿＿。

3 – 3. 如图 3 所示，小明从点 O 出发，绕着正方形花坛走一圈，请问哪个点是小明大约走了 2/3 的点？（　　　）

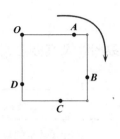

图3

A. 点 A   B. 点 B   C. 点 C   D. 点 D

E. 不知道边长无法确定

你的理由是：＿＿＿＿＿＿＿＿＿＿＿＿＿＿＿＿＿＿＿＿＿＿＿＿。

3-4. 对相同大小的 6 个圆形进行着色，在下列四个选项中，着

色部分面积大约占 6 个圆形面积总和的 $\frac{3}{7}$ 的选项是？（   ）

A.

B.

C.

D.

E. 无法确定

你的理由是：＿＿＿＿＿＿＿＿＿＿＿＿＿＿＿＿＿＿＿＿＿＿＿＿。

测试到此结束，感谢参与！

附件2 六年级学生"数感"及其概念调查测试卷的双向细目表

问题编号	测试成分	测试内容	测试指标	是否基于情境
1-1	数	数的意义	基数(数量的数)	否
1-2	数	数的意义	序数(计数的数)	否
1-3	数	数的关系	数的大小关系	是
1-4	数	数的关系	数的大小关系	否
1-5	数	数的关系	数的序关系	否
1-6	数	数的表征	数的表示方式:数字、图形、数轴	否
2-1	运算	运算的意义	运算的数量意义	否
2-2	运算	运算的意义	运算的度量意义	是
2-3	运算	运算的意义	运算的计数意义	是
2-4	运算	运算的结果	运算对运算结果的影响(分数)	否
2-5	运算	运算的结果	运算结果的范围与合理性	是
2-6	运算	运算的结果	运算对运算结果的影响(整数)	否
3-1	评估	数量的评估	基准数	是
3-2	评估	数量的评估	基准数	否
3-3	评估	图形的评估	参考点	是
3-4	评估	图形的估计	参考点	否